中国的基础研究发展：关键特征、创新效应与政策实践

张龙鹏　宋 潇　著

南開大學出版社
天　津

图书在版编目(CIP)数据

中国的基础研究发展 : 关键特征、创新效应与政策实践 / 张龙鹏, 宋潇著. —天津 : 南开大学出版社, 2022.10(2023.9 重印)
ISBN 978-7-310-06298-0

Ⅰ. ①中… Ⅱ. ①张… ②宋… Ⅲ. ①基础研究—发展—中国 Ⅳ. ①G322

中国版本图书馆 CIP 数据核字(2022)第 173362 号

中国的基础研究发展:关键特征、创新效应与政策实践
ZHONGGUO DE JICHU YANJIU FAZHAN:GUANJIAN TEZHENG、CHUANGXIN XIAOYING YU ZHENGCE SHIJIAN

南开大学出版社出版发行
出版人:陈 敬
地址:天津市南开区卫津路 94 号 邮政编码:300071
营销部电话:(022)23508339 营销部传真:(022)23508542
https://nkup.nankai.edu.cn

天津午阳印刷股份有限公司印刷 全国各地新华书店经销
2022 年 10 月第 1 版 2023 年 9 月第 2 次印刷
230×170 毫米 16 开本 12.25 印张 1 插页 199 千字
定价:66.00 元

如遇图书印装质量问题,请与本社营销部联系调换,电话:(022)23508339

项目资助

教育部人文社会科学研究青年基金项目《动态最优研发结构视角下基础研究对企业创新的影响机制研究》（项目编号：18XJC790020）

中国工程科技发展战略广东研究院咨询研究项目《面向 2035 年广东省未来产业发展战略研究》（项目编号：2021-GD-10）

目 录

第一章　绪论

第一节　研究背景与意义

一、研究背景

在实施创新驱动发展战略的背景下，中国技术创新能力取得了显著的提升，在某些技术领域已经引领世界科技前沿，如超级稻和农作物杂交技术、高原铁路建设技术、量子通信技术、巨型水电站建设技术、建桥技术、核电技术等。但中国仍存在一些关键核心技术被国外“卡脖子”的风险，对产业发展造成了较大的负面影响，如一枚小小的芯片就卡住了中国电子信息产业的命脉。电子设计自动化（Electronic Design Automation，EDA）软件是设计芯片的关键平台，中国设计 EDA 软件的企业仅能够在某些环节或点上做到技术全球领先，在整个 EDA 软件设计上无法实现全球领先，但国外 EDA 软件供应商可以做到全面领先，这表明中国的技术创新须由单点突破转向链式突破。2018 年 7 月中央财经委员会第二次会议也强调，“我国科技发展水平特别是关键核心技术创新能力同国际先进水平相比还有很大差距，同实现‘两个一百年’奋斗目标的要求还很不适应”。面对技术创新的国内要求和国际环境，中国亟须提升技术创新能力，形成以自主创新和引领创新为核心的创新体系，突破一批关键核心技术和“卡脖子”技术。

国家自主创新能力的提升和关键核心技术的突破依赖于强大基础研究能力的构建。正如习近平总书记在党的十九大报告中明确要求的，“要瞄准世界科技前沿，强化基础研究，实现前瞻性基础研究、引领性原创成果重大突破”，强调要“加强应用基础研究”，为建设科技强国提供有力支撑。

李克强总理在2019年9月国家杰出青年科学基金工作座谈会上也指出，“基础研究决定一个国家科技创新的深度和广度，‘卡脖子’问题根子在基础研究薄弱”。因此，自党的十九大以来，中国尤为重视基础研究发展。如表1-1所示，在2018年1月，国务院颁布了《关于全面加强基础科学研究的若干意见》后，科技部、教育部、国家发改委、财政部等多部门联合出台了相关的实施方案。国家“十四五”规划和2035年远景目标纲要更是首次提出，到2025年，基础研究经费投入占研发经费投入比重提高到8%以上。此外，截至2020年底，广东、福建、四川等17个省份和深圳、保山、铜陵等市也陆续颁布了推动区域基础研究发展的专项政策。由此可见，全面加强基础研究发展已成为当前和未来中国全社会的基本共识。

表1-1　党的十九大以来我国推动基础研究发展的重要政策

序号	政策名称	颁布部门	颁布时间
1	关于全面加强基础科学研究的若干意见	国务院	2018年1月
2	高等学校基础研究珠峰计划	教育部	2018年7月
3	加强“从0到1”基础研究工作方案	科技部、国家发展改革委、教育部等部门	2020年1月
4	新形势下加强基础研究若干重点举措	科技部、财政部、教育部等部门	2020年4月

资料来源：作者整理。

在全面加强基础研究已成为基本社会共识的背景下，我们有必要对中国的基础研究发展展开系统且深入的研究，这便是本书的研究背景与目的之所在。本书拟从四个方面对中国基础研究展开研究。首先，分析中国基础研究发展的关键特征。其次，检验基础研究发展能否有助于推动中国技术创新的进步，并探索基础研究如何推动技术进步。再次，在明确基础研究具有显著技术创新效应的基础上，对基础研究专项政策展开分析，探索基础研究政策如何更好地推动基础研究发展。最后，选择典型地区进行案例分析，剖析区域基础研究发展面临的问题，并研提相关的政策建议。

二、研究意义

（一）理论意义

现有文献虽然已经就基础研究对技术创新的影响进行了丰富而富有启

示的探讨，但现有研究在基础研究与技术创新的研究过程中忽视了基础研究与应用研究之间的动态配置问题。因此，本书拟在动态最优研发结构视角下深入探讨基础研究对技术创新的影响，以补充和扩展现有的文献。在对这一问题进行深入研究的基础上，本书的研究还进行了两方面的拓展。一方面，从国家重点实验室建设的角度对基础研究进行了再度量，能够将基础研究区分为纯基础研究和应用基础研究，进而可以进一步阐述动态最优研发结构视角下基础研究对技术创新的影响，为基础研究的度量提供了新的思路。另一方面，研究了企业基础研究与应用研究的融合发展问题，进一步说明在研发结构视角下，基础研究需要与应用研究有机结合起来，才能实现技术创新的突破。此外，本书还从中国情境下，对基础研究发展领域广泛存在的“政府无效论”进行了证伪性回应，更加肯定了基础研究发展需要政府介入和政策支持。

（二）现实意义

本书的现实意义主要体现在两个层面，一是从基础研究的角度探讨如何提升技术创新能力，二是在明确基础研究具有技术创新促进效应的前提下探讨如何驱动中国的基础研究。从驱动技术创新的现实意义来看，基础研究作为技术创新的源头，通过在动态最优研发结构视角下研究基础研究对技术创新的影响机制，可以明确在中国不同经济发展阶段的地区为推动技术创新的最优基础研究占比，进而为基础研究的投入提供指导和标准。从驱动基础研究的现实意义看，在研究基础研究技术创新效应和政策支撑体系的基础上，可以明确中国基础研究发展过程中存在的短板，能够从建立基础研究多元化投入机制、优化基础研究区域布局与行业布局、推动基础研究与应用研究融通、优化政策工具组合等基础研究支撑体系建设角度提出推动国家技术创新能力提升的政策建议，以实现中国经济高水平高质量的增长。

第二节 文献综述

一、基础研究的内涵

“基础研究”一词经常被应用于科学政策领域。关于什么是基础研究，不同政策制定者和研究者的理解有所差异，例如，张九辰（2019）系统梳理了中国政策界对基础研究认识的变迁，发现在科技发展的不同阶段，关于基础研究内涵的认识是有所差异的。虽然对基础研究的认识存在差异，但也存在基本的共识。纳尔逊（Nelson）认为，基础研究可以被定义为旨在提高知识的人类活动。这里知识可分为两类：一类是可重复的实验中观察到的事实或数据，另一类是事实之间的理论关系。卡尔弗特（Calvert）指出，基础研究是仅针对获取新知识而没有任何实际目标的研究。2002年版的《弗拉斯卡蒂手册》对基础研究给出的定义是：为了获得关于现象和可观察事实的基本原理的新知识而进行的实验性或理论性研究，不以任何专门或特定的应用或使用为目的。基础研究最常见的特征是不可预测性（有时称为新颖性或不确定性）和普遍性（解决一般问题可能有助于解决广泛的其他问题）（Calvert，2006）。除以上定义外，表1-2还列举了不同学者或机构对基础研究的定义。根据表1-2列举的基础研究概念的关键词来看，基础研究关注“基本原理”“科学知识”“潜在价值”“启蒙性”“有用性”等，从创新链的角度看，基础研究关注的是促进创新生成的具有普遍性的基本知识、底层知识，位于创新链的前端，也正是基础研究的普遍性使得基础研究具有显著的正外部性。

表1-2 基础研究的内涵举例

定义者	具体内涵	关键词
联合国教科文组织（1994）	基础研究指的是为获得关于现象和可观察事实的基本原理及新知识而进行的实验性和理论性工作，它不以任何专门或特定的应用或使用为目的	基本原理、新知识、无特定应用目的
美国国家自然科学基金会（转引自邵立勤等，1994）	增加新的科学知识的活动，但没有特定的、直接的商业目的，但并不排除这一研究可能会在当前或其他潜在的领域具有商业价值	科学知识、无特定目标、潜在价值
万劲波和赵兰香（2009）	增加或可能增加新的科学知识的研究活动	科学知识
卢耀祖等（1998）	基础研究探求新的发现和发明，积累科学知识，创立新的学说	新发现、科学知识、新学说
阿加西（Agassi，1980）	基础研究应以纯科学的标准取得成功，并以技术的标准为潜在的理论提供确证，其目标是具有启蒙性和有用的	潜在理论、启蒙性、有用性

续表

定义者	具体内涵	关键词
帕维特（Pavitt，1998）	基础研究旨在产生解释和预测现实的解释理论和模型	解释的理论、解释的模型
肖兹（Schauz，2014）	基础研究要领先于现实需求，其直接结果无关实际应用和日常生活的改善	领先现实需求、无特定应用目标

资料来源：作者整理。

进一步，已有文献和政策报告还对基础研究进行了分类。1997 年，美国普林斯顿学者唐纳德·司托克斯（Donald Stokes）将基础研究分为由好奇心驱使的纯基础研究（玻尔象限）和由应用引起的基础研究（巴斯德象限）。王国领（1998）认为，基础研究应该包括纯基础研究、应用基础研究和基础资料研究 3 个部分。经济合作组织（Organization for Economic Co-operation and Development，OECD）科技政策委员会在 2003 年的研究报告（*Governance of Public Research*）中将基础研究分为了两类：一类是由心中无特别用途的纯好奇心驱使的基础研究，即纯基础研究；另一类是商业用途激发（尽管准确的产品或工艺用途还不得而知）的基础研究，即应用基础研究。在中国的政策体系中，基本也是将基础研究分为纯基础研究和应用基础研究。例如，党的十九大报告专门提出了“加强应用基础研究”；国家“十四五”规划也提出，“强化应用研究带动，鼓励自由探索，制定实施基础研究十年行动方案”，言外之意就是要促进纯基础研究和应用基础研究的发展。表 1-3 总结了当前学界对研究开发活动（Research and Development，R&D）的分类，对研究活动存在不同的划分方式，这也是造成对基础研究存在不同认识的重要原因。

表 1-3　研究开发活动的分类举例表

<table>
<tr><td colspan="6">研究开发活动</td></tr>
<tr><td colspan="2">基础研究</td><td colspan="4">应用研究</td></tr>
<tr><td colspan="2">基础研究</td><td colspan="3">应用研究</td><td>试验开发研究</td></tr>
<tr><td colspan="3">基础性研究</td><td colspan="2">应用研究</td><td>试验开发研究</td></tr>
<tr><td>基础研究</td><td>定向基础研究</td><td colspan="2">应用基础研究</td><td>应用技术研究</td><td>试验开发研究</td></tr>
</table>

资料来源：作者根据邹珊珊等《发展的潜力：我国基础研究与应用研究资源的分析》整理而得。

尽管对基础研究的认识和划分还存在其他的理解，但这不影响我们对基础研究重要性的判断。2020 年 4 月，科技部、财政部、教育部等部门联合颁布的《新形势下加强基础研究若干重点举措》明确指出："基础研究是整个科学体系的源头，是所有技术问题的总机关。" Nelson（1959）、柳卸林和何郁冰（2011）认为，基础研究是应用研究的先决条件和催化剂，是技术创新的根本驱动力。基础研究的使命就是探索自然界的规律，追求新的发现和发明，积累科学知识，创造新的学说，为认识世界和改造世界提供理论和方法（王国领，1998）。

二、基础研究的经济绩效

曼斯菲尔德（Mansfield，1980）、格里里奇（Griliches，1986）、利希滕贝格（Lichtenberg）和西格尔（Siegel，1991）等人较早地利用企业层面的数据检验了基础研究活动对生产率的影响，并发现基础研究对生产率具有显著的促进作用。后来阿吉翁（Aghion）和霍依特（Howitt，1996）、杨立岩和潘慧峰（2003）等人基于研发驱动的增长理论，将研发活动区分为基础研究和应用研究，从理论上探讨了不同研发活动对经济增长的影响，为后续基础研究的相关研究奠定了坚实的理论基础。随着理论基础的完善和实证数据的丰富，后续的研究采用国家（地区）、行业、企业层面的样本数据，使用多种实证方法定量评估了基础研究的经济效应。普雷特纳（Prettner）和沃纳（Werner，2016）、孙晓华和王昀（2014）利用跨国面板数据研究了基础研究对经济增长和全要素生产率（Total Factor Productivity，TFP）的影响。他们的研究发现，基础研究对经济增长率和 TFP 均有显著的促进效应，但促进效应具有一定的滞后性，说明基础研究更有利于国家的长期经济增长。严成樑和龚六堂（2013）基于 1998—2009 年中国省级面板数据的研究也发现，研发投入中基础研究占比的提高有助于经济增长率的提升。科伯恩（Cockburn）和亨德森（Henderson，2000）来自医药行业的经验证据表明，基础研究投入的收益率在 30%以上。张小筠（2019）利用中国 1991—2015 年的时间序列数据研究基础研究的经济效应。他的研究表明，相对于应用研究，政府投资基础研究更有利于经济的可持续增长。泽尔纳（Zellner，2003）探讨了基础研究产生广泛经济效益的渠道。他认为，基础研究经济效益的产生很大程度上与科学家向创新系统的商业部门的迁移有关。从已有文献的研究结论来看，大多数研究认为基础研究能够产生良好的经济绩效，无论是政府部门，还是企业部门，都应该加强基础研究。

在评估基础研究经济绩效的过程中，基础研究发展对技术创新的影响得到了学者们的广泛关注。柳卸林和何郁冰（2011）的分析指出，基础研究是提升产业核心技术创新能力的关键。眭纪刚等（2013）强调，企业必须加强内部基础研究，实现突破性创新，才能维持企业的竞争优势。相关的实证研究也证实了技术创新中基础研究所发挥的重要作用。卫平等（2013）基于大中型工业企业面板数据的研究发现，基础研究显著地促进了企业的技术创新支出和产出。王春杨和孟卫东（2019）从区域聚集结构和知识溢出的视角检验了基础研究投入对区域技术创新的正向影响。图尔（Toole，2012）分析了美国国立卫生研究院对生物医学的基础研究资助与医药产业创新之间的关系，数据分析表明基础研究资助推动了更多新药进入市场。程鹏等（2011）以中国高铁产业的发展实践为例，研究了基于产业发展需求引致的基础研究如何推动产业的技术追赶。刘碧莹和任声策（2020）分析了英特尔和三星电子在半导体产业方面的经验，研究发现两家企业在半导体领域的基础研究积累是企业保持全球竞争优势的核心战略路径。马丁内斯塞纳（Martínez-Senra）等（2015）基于企业层面的基础研究投入数据发现，基础研究活动有助于提升企业的产品创新绩效。方勇等（2020）基于中国企业层面的研究发现，无论在企业的技术开发还是成果转化阶段，基础研究均发挥了正向作用。Popp（2017）、蔡勇峰等（2019）探讨基础研究与技术创新的思路则有所不同。他们借助能源行业的专利及其引文数据探讨了专利所引用的论文对专利价值的影响，进而说明基础研究对技术创新的推动机理。

上述研究主要从整体上探讨基础研究的技术创新效应，此外，其他研究则从不同维度对基础研究与技术创新之间的关系进行了更为细致的探讨，主要呈现三方面的研究动态。第一，区分基础研究类型和模式。莱顿（Leten）等（2010）在探讨医药企业基础研究对技术绩效影响的过程中，将基础研究分为内部基础研究和外部基础研究，进而发现内部基础研究和外部基础研究对技术绩效的影响是互补的，表明内部基础研究为企业提供了更有效地利用外部基础研究的技能。方勇等（2020）也对基础研究模式进行了划分，研究发现相对于合作研发模式，企业基础研究的独立研发模式的正向作用更为显著。第二，探讨基础研究和应用研究谁更能驱动技术创新。李平和李蕾蕾（2014）、赵玉林等（2021）从同一研究中定量分析了基础研究和应用研究对技术创新的影响。从他们的研究来看，虽然基础研究对技术创新的促进效应依然存在，但基础研究与应用研究的技术创新促进效应孰大孰小还不能得到确切的答案，因度量指标和计量模型的差异，研究结论也有所差异。曾德明等（2020）从创新合作的角度出发，基于1998—2015 年中国有机化学行业的相关数据实证检验了基础研究合作和应用研究合作对企业创新绩效的影响。他们的研究发现，基础研究合作和应用研究合作都能带来企业创新绩效的提升，但应用研究合作的提升效应更为明显。第三，探讨基础研究影响技术创新的动态性和异质性。有学者指出，基础研究和应用研究对技术创新的影响会受到经济发展阶段和技术水平的影响。孙早和许薛璐（2017）的研究表明，随着与前沿技术差距的不断缩小，基础研究在技术创新中比应用研究扮演着更为重要的角色。阿克科吉特（Akcigit）等（2016）的研究也持类似的观点。李蕾蕾等（2018）的跨国研究也发现，在高收入和高知识产权保护的国家，基础研究对技术进步的促进作用更大。

虽然基础研究在技术创新中扮演着重要的角色，但这并不意味着一味提升基础研究就能取得显著的技术创新效应。在研发资源有限的条件下，基础研究与应用研究之间存在此消彼长的动态关系，涉及基础研究与应用研究之间的资源配置问题。遗憾的是，鲜有文献专门从研发结构的视角探讨基础研究对技术创新的影响，但有部分文献在评价基础研究的其他经济影响时考虑到了研发结构的问题，能为本书的研究提供有益的参考。亨纳德（Henard）和麦克法迪恩（Mcfadyen，2005）指出，基础研究与应用研究需要互动才能产生良好的经济绩效。阿尔尼茨克（Czarnitzki）和索沃斯（Thorwarth，2012）研究了企业研发投入中基础研究占比影响企业生产率的行业异质性。李平和李蕾蕾（2014）考察了不同研发结构下地区基础研究与 TFP 的关系。此外，还有学者尝试测算研发投入中基础研究的最佳比重，以更好地促进经济增长（肖广岭，2005；黄苹，2013）。

三、影响基础研究发展的因素

新古典主义创新理论、新熊彼特创新理论、制度创新理论和国家创新系统理论等创新理论为解释基础研究如何取得发展提供了理论基础。其中国家创新系统理论对前几大理论进行了一定程度的整合与发展，具有较强的解释力。弗里曼（Freeman）在回应新古典主义创新理论的基础上提出了国家创新系统理论，并于1987年在其著作《日本：一个国家创新系统》一书中系统阐述了国家在推动创新中的重要作用，他强调应将创新与国家职能结合起来形成国家创新系统，以实现经济追赶和超越。在后续著作中其进一步强调：国家创新系统形成了一个支持创新的环境，通过这个环境，集体知识和资源可以更容易地交换，使追求新的思想和新的成长机会更加便利（Freeman等，2013）。具体来看，国家创新系统的提出受到了发展经济学和法国结构主义马克思者“国家生产体系”和“工业综合体”的影响（Lundvall等，2007），认为政府、大学、科研部门、企业等是国家创新系统的主体，同时影响创新学习、创新生产的经济结构和制度安排均是创新系统的重要影响因素。国家创新系统理论界定了各主体在创新中的角色，其中，政府及相关机构扮演监管者和资助者的角色，通过提供研发资金、公私合作等方式资助基础研究，企业部门通过试验产生商业创新、应用研发和产品改进，大学则进行基础研究、技术研究和创新人才资源的培养。国家创新系统通过机构间的合作互动，促进信息共享、知识积累，培养创新能力，从而推动创新发展。在国家创新系统理论的影响下，区域创新系统理论（王松，2013）、三螺旋理论（Ranga等，2013）、协同创新理论（Alford等，2017）等相继被提出，为解释基础研究发展提供了多元理论依据。同时，除以上创新理论外，还出现了开放式创新（高良谋等，2014）、创新扩散理论（Kaminski，2011）、创新网络（Pyka，2002）等多元化的解释视角，探索创新的生成机理，丰富了对基础研究发展的解释。

除理论视角的探索外，也有部分文献实证研究了影响基础研究发展的因素。由于基础研究的公共产品属性，政府层面的因素得到了学者们的广泛关注，他们认为基础研究投资对政府资助的依赖性较强（成力为和郭园园，2016）。如Zhu等（2008）的研究从基础研究发展的角度采用数据描述的方式回顾了中国基础研究的发展情况和影响因素，研究认为中国早期的定向基础研究资助行为、学科布局、人才培养等对中国基础研究发展产生了重要影响；研究显示国家自然科学基金（National Natural Science Foundation of China，NSFC）通过资助科学家研究、资助更多研究生参与研究、培养研究人员、促进国际交流合作等方式，促进了中国基础研究的发展。同时，研究也指出大量短期资助行为、科学资源配置不合理及管理体制的问题阻碍了中国基础研究的高质量发展。此外，克莱尔（Kleer，2010）

谈到，政府补贴偏爱基础研究项目，银行等私人投资机构偏爱应用研究项目，如果政府补贴作为一种信号，仅能作为区分基础研究和应用研究的信号，难以激励私人投资机构投资基础研究项目，而如果政府补贴伴随着质量信号，则可能会引导私人投资基础研究项目。黄倩等（2019）基于中国基础研究政策的文本分析，利用时间序列数据探讨了基础研究政策对基础研究投入的影响。陈文博等（2021）的研究显示研发人员和研发服务人员的规模对基础研究产出具有显著正向的影响。德里瓦斯（Drivas）等（2015）以雅典农业大学为例，论证了研发资金的增加对基础研究的数量和质量产出具有显著正向作用，同时，研究以学术专利积累表征科学家的应用知识存量，发现科学家的知识累积与科学家的研究发表速率呈正向关系，但与其研究质量的关系并不显著，原因在于拥有学术专利使科学家将注意力转移到成果转化方面，从而降低研究产出质量，这与国内学者从高校材料学科研究者从事学术创业后的研究结论一致（杨希等，2021）。此外，学者们也探讨了资本市场发展、知识产权保护、产学研合作、对外开放、人口密度、财政支出结构、知识积累等因素对基础研究发展的影响（许治和周寄中，2008；成力为和郭园园，2016；何郁冰和伍静，2019；姜群，2019），但并未得到一致的研究结论。例如，关于对外开放的影响，成力为和郭园园（2016）、姜群（2019）认为对外开放促进了中国基础研究的发展，何郁冰和伍静（2019）的研究却发现没有产生显著的影响。

作为一种公共品，基础研究具有价格溢出和知识溢出两种正向的溢出效应，企业通常缺乏进行基础研究的动力（Rosenberg，1990）。因此，学者们也特别探讨了影响企业基础研究投入的因素，以期找到驱动企业从事基础研究的路径。胡军燕和袁川泰（2016）、李培楠等（2019）研究了政府资金对企业基础研究的短期与长期效应，并指出政府资金对企业基础研究的推动作用在长期中才能显现出来。王芳等（2021）的研究也认为，政府的研发补贴能够有效促进企业从事基础研究。从企业微观层面的因素看，已有文献关注了企业的人力资源战略、创新战略、人力资本、所有制对企业基础研究行为的影响（Quéré，1994；Bercovitz 和 Feldman，2007；王芳等，2021）。王芳等（2021）的实证研究发现，企业人力资本是促使企业从事基础研究的重要因素，同时还发现国有企业更倾向于开展基础研究。本桥（Motohashi）和云（Yun，2007）的研究指出，以基础研究为导向的企业与科学部门之间有着紧密的合作关系。高锡荣和刘思念（2018）在分析了企业基础研究行为内外部驱动因素的基础上，构建了一个综合的驱动模型，为推动企业的基础研究发展提供了整体性的思考。

四、总结性评述

通过文献综述可以发现，有关基础研究经济绩效的研究文献存在三个方面的不足：第一，现有文献主要是利用基础研究经费投入来衡量基础研究发展水平，这一度量方式会忽略基础研究发展中的人才培养、平台建设、制度改革、交流合作等重要维度；第二，概念上基础研究大致可区分为纯基础研究和应用基础研究，这两种类型的基础研究对经济绩效的影响程度可能是不一样的，但现有文献并未区分这两类基础研究的影响；第三，已有文献要么研究了基础研究发展的动态效应，但忽视了研发结构问题，要么注意到了研发结构问题，但忽视了动态性问题。在基础研究影响因素的研究方面，学者们虽然对众多影响基础研究的因素进行了讨论，但对于基础研究政策对基础研究发展影响的关注度还不够。在中国各级政府不断颁布基础研究专项政策的背景下，对基础研究政策展开系统性的评估就显得尤为必要。黄倩等（2019）在这方面做了初步的探讨，但他们使用的是时间序列数据，这导致研究可能存在内生性问题，也难以对地区异质性展开分析。

本书的研究可在一定程度上弥补已有研究的不足。第一，鉴于国家重点实验室是基础研究平台建设、制度改革、人才培养创新、经费投入等的重要载体（易高峰，2009），本书利用国家重点实验室建设作为衡量基础研究发展水平的代理指标，可为基础研究的度量提供新的视角。第二，国家重点实验室可分为学科、省部共建、企业国家重点实验室，学科国家重点实验室承担的是纯基础研究功能，省部共建和企业国家重点实验室承担的是应用基础研究功能，鉴于此，本书利用国家重点实验室来度量基础研究发展，可在研发结构的分析视角下进一步区分纯基础研究和应用基础研究对技术创新的影响。第三，本书将动态效应和研发结构结合起来，论证了研发投入中最优基础研究占比的存在性，并考察了在经济发展阶段的变迁下，最优基础研究占比的动态性。第四，本书在对省级基础研究专项政策进行详细文本分析的基础上，从政策目标、政策质量、政策工具等方面系统评估了基础研究政策对基础研究发展的影响。

第三节　研究思路与篇章结构

一、研究思路

本书的研究思路如图 1-1 所示。具体来说，从研发结构视角，利用研发经费中基础研究占比和研发人员中基础研究占比两个指标，考察中国基础研究的总体态势、执行主体和区域格局。同时，基于成渝地区双城经济圈的基础研究合作，分析中国基础研究合作的网络特征、结构演化与生成逻辑。接着，在动态最优研发结构视角下，探讨基础研究对技术创新的影响，并借助该部分的研究，基于国家重点实验室建设视角研究基础研究对企业技术创新的影响和基于基础研究与应用研究融合视角研究企业基础研究对技术创新的影响。在基础研究技术创新效应研究的基础上，分析了全国及省级层面的基础研究专项政策，并实证检验了省级基础研究专项政策对区域基础研究发展的影响及作用机制。通过基础研究关键特征、技术创新效应、政策支撑体系的研究，分析广东省、四川省、深圳市基础研究发展的现状与问题，进而研提推动地方基础研究发展的政策建议。

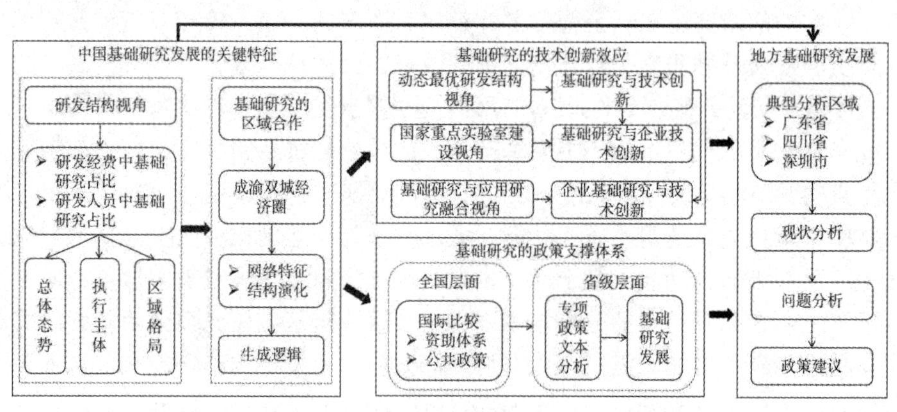

图 1-1　研究思路

资料来源：作者绘制。

二、篇章结构

第一章为本书的绪论部分，主要说明研究的背景、意义与内容以及相对于已有文献的主要贡献和创新之处。

第二章分析中国基础研究发展的关键特征。本章在研发结构的视角下讨论中国基础研究发展的关键特征。同时，随着创新复杂性的加强，强调协同、协作的基础研究成为创新产出的重要模式，因此，本章还利用成渝地区双城经济圈的经验数据分析基础研究区域合作的网络结构及其特征。

第三章实证检验基础研究对技术创新的影响。本章首先基于研发经费投入，从动态最优研发结构的视角研究基础研究发展对技术创新的影响。其次，基于国家重点实验室建设的视角进一步研究基础研究发展对企业技术创新的影响，并区分了纯基础研究和应用基础研究影响的异质性。最后，检验了企业基础研究和应用研究融合发展对创新产出的影响。

第四章研究了基础研究的政策支撑体系。本章首先在国际比较视野下从全国层面分析中国基础研究的资助体系和公共政策。其次，基于省级层面基础研究的专项政策，探讨支撑基础研究发展的地方政策的政策路径、政策工具选择，并从地方比较视角对各地基础研究政策进行了评价。最后，实证检验基础研究政策能否推动基础研究发展，并探索基础研究政策对基础研究发展的影响途径。

第五章专注于地方基础研究的发展。本章以广东省、四川省、深圳市作为典型案例，分析中国地方基础研究发展的现状与问题，并研提推动地方基础研究发展的政策建议。

第六章为研究结论与政策建议。本章将对全书的研究内容进行总结，以对本书的研究结论有一个整体的认识，然后根据研究结论和国外推动基础研究发展的经验提出推动中国基础研究发展的政策建议。

第四节　创新之处与研究不足

一、创新之处

本研究可视为对已有文献研究不足的补充和完善。与现有研究相比，本研究的主要贡献和创新之处主要体现在以下几个方面：

第一，从最优研发结构的视角探讨研发投入中基础研究占比对技术创新的影响，并论证了最优基础研究占比的存在性。进一步考察了在经济发展阶段的变迁下，最优基础研究占比的动态性，并测算了不同经济发展阶段地区的实际基础研究占比偏离其最优基础研究占比所带来的技术创新损失程度。

第二，利用城市层面的数据从国家重点实验室建设的角度探讨基础研究发展对企业技术创新的影响。利用国家重点实验室作为基础研究发展的代理变量将对现有研究产生三方面的贡献。首先，进一步丰富了基础研究的度量方式。其次，能够区分基础研究和应用基础研究影响企业技术创新的异质性。最后，拓展了国家重点实验室研究的文献，并可从推动企业技术创新能力提升的角度，为国家重点实验室的城市区域布局提供依据和启示。

第三，从基础研究与应用研究融合发展角度研究了企业基础研究影响技术创新的效应和路径，进而深化了我们从最优研发结构的视角认识基础研究发展与技术创新之间的关系。

第四，2018—2020年，17个省份颁布了基础研究专项政策，本书以此为契机，利用双重差分法评估了政策对基础研究发展的影响，发现政策促进基础研究发展存在东部、中部、西部[①]的边际效应递减规律，在此基础上第一次考察了政策质量效应和政策工具的组合效应，为地方政府完善基础研究政策与合理使用政策工具提供了实证支撑。

二、研究不足

本研究的不足主要体现在两个方面。第一，没有在已有的研发驱动的经济增长理论框架下，将动态最优研发结构纳入理论模型，进而探讨基础研究对技术创新的动态影响机制。因此，后续研究需要加强基础研究与技术创新的理论分析。第二，基础研究不仅具有空间溢出效应，也具有行业溢出效应，本书研究了基础研究的空间溢出效应，但由于缺乏微观企业层面的基础研究数据，本书没有探讨基础研究的行业溢出效应。

---

① 本研究的东部地区包括北京、天津、河北、上海、江苏、浙江、福建、山东、广东、海南、辽宁；中部包括山西、安徽、江西、河南、湖北、湖南、黑龙江、吉林；西部地区包括内蒙古、广西、重庆、四川、贵州、云南、西藏、陕西、甘肃、青海、新疆（由于宁夏部分数据缺失，未纳入模型，因此，本研究中的西部并未包含宁夏）。

第二章　基础研究发展的关键特征

基础研究是研发活动的重要组成部分，而研发经费投入是研发活动的重要表现，因此本章第一节从研发结构的视角分析中国研发经费的关键特征及其成因。在分析研发活动的基础上，第二节同样在研发结构的视角下讨论中国基础研究发展的关键特征。随着创新复杂性的加强，强调协同、协作的基础研究成为创新产出的重要模式。因此，本章的第三节利用成渝地区双城经济圈的经验数据分析基础研究区域合作的网络结构及其特征。本章的研究将为中国基础研究的发展提供一个较为全面的概览。

第一节　研发经费结构的关键特征及其成因

一、关键特征

中国研发经费投入从 1995 年的 348.69 亿元逐年增加到 2019 年的 22143.6 亿元，增加了 62.51 倍，年均增长 18.88%，保持了较快的增长速度。研发投入占国内生产总值（Gross Domestic Product，GDP）比重也从 1995 年的 0.57%上升到 2019 年的 2.23%，2014 年研发投入占 GDP 比重突破 2%。从国际来看，自 2013 年中国研发经费总量超过日本以来，中国的研发经费投入一直稳居世界第二。2018 年中国研发经费投入强度超过 2017 年欧盟 15 国平均水平（2.13%），相当于 2017 年 OECD35 个成员国中的第 12 位，正接近 OECD 平均水平（2.37%）。同时也要看到，中国研发经费投入强度与美国（2.79%）、日本（3.21%）等世界科技强国相比仍有较大差距。在中国研发经费投入不断增加的同时，研发经费呈现以下的结构特征。

（一）东部研发经费投入强度高于中西部

表 2-1 从省级层面讨论了中国研发投入的区域结构。从 2010 年到 2019

年，黑龙江、西藏、青海、新疆四地研发经费投入强度出现了不同程度的下降，其中黑龙江下降程度最大，2019 年研发经费投入强度比 2010 年下降了 0.11 个百分点。除上述四地外，其余地区的研发经费投入强度均呈现了上升态势。十年间，上海、广东、河北、湖南等地的研发经费投入强度出现了明显的上升，分别上升了 1.19、1.12、0.85、0.82 个百分点。从 2019 年的情况来看，中国研发经费投入强度的区域差异极为显著。2019 年全国研发经费投入强度为 2.23%，高于全国平均水平的地区只有 7 个（其中北京研发经费投入强度最高，为 6.31%），说明全国研发经费投入强度的贡献主要来自这 7 个地区，省域间创新发展的不平衡性较为突出。研发经费投入强度最高的四个地区是北京、上海、天津和广东，最低的四个地区是青海、海南、新疆和西藏。由此可见，研发投入与经济发展之间处于动态演变的过程之中。随着经济发展水平的提高，需要更大强度研发投入的支撑方能实现经济发展阶段的跃升。与此同时，只有经济发展了，才能有更多的资源支撑研发活动。

表 2-1　中国各省份研发经费投入强度

单位：%

省份	2010 年	2019 年	省份	2010 年	2019 年
北京	5.82	6.31	湖北	1.65	2.09
天津	2.49	3.28	湖南	1.16	1.98
河北	0.76	1.61	广东	1.76	2.88
山西	0.98	1.21	广西	0.66	0.79
内蒙古	0.55	0.86	海南	0.34	0.56
辽宁	1.56	2.04	重庆	1.27	1.99
吉林	0.87	1.27	四川	1.54	1.87
黑龙江	1.19	1.08	贵州	0.65	0.86
上海	2.81	4.00	云南	0.61	0.95
江苏	2.07	2.79	西藏	0.29	0.26
浙江	1.78	2.68	陕西	2.15	2.27
安徽	1.32	2.03	甘肃	1.02	1.26
福建	1.16	1.78	青海	0.74	0.69
江西	0.92	1.55	宁夏	0.68	1.45
山东	1.72	2.10	新疆	0.49	0.47
河南	0.91	1.46			

资料来源：2010 年和 2019 年全国科技经费投入统计公报。

注：不包含港澳台地区数据。

（二）技术密集型行业研发经费投入强度高

表 2-2 展现了中国研发投入的行业结构。2019 年中国制造业研发经费投入强度为 1.45%，30 个制造业行业中有 9 个行业的研发经费投入强度高于制造业平均水平，由此可见中国制造业的研发投入存在显著的差异性，并且大多数行业研发经费投入强度处于偏低水平。研发经费投入强度最高的三个行业为铁路、船舶、航空航天和其他运输设备制造业及仪器仪表制造业和专用设备制造业，研发经费投入强度分别为 3.81%、3.16%、2.64%。正是铁路、船舶、航空航天和其他运输设备制造业的高研发经费投入强度，才使得中国在航天航空、高铁等产业领域处于世界前沿水平。研发经费投入强度最低的三个行业为农副食品加工业，石油加工、炼焦和核燃料加工业以及烟草制品业，研发经费投入强度分别为 0.56%、0.38%、0.27%。整体来看，技术密集型行业的研发经费投入强度高于劳动密集型行业，呈现这一研发投入行业差异的原因一方面是行业发展本身的内在技术需求，另一方面在于对传统产业研发投入的不重视。在国际上，德国一直重视传统制造业的研发支持，通过技术创新带动产业的转型升级，这就使得德国在传统制造业领域在全球依然保持显著的竞争优势。

表 2-2　中国制造业 2019 年研发经费投入强度

单位：%

行业	研发经费投入强度	行业	研发经费投入强度
农副食品加工业	0.56	橡胶和塑料制品业	1.41
食品制造业	0.82	非金属矿物制品业	0.97
酒、饮料和精制茶制造业	0.70	黑色金属冶炼和压延加工业	1.25
烟草制品业	0.27	金属制品业	0.85
纺织业	1.11	通用设备制造业	2.15
纺织服装、服饰业	0.66	专用设备制造业	2.64
皮革、毛皮、羽毛及其制品和制鞋业	0.69	汽车制造业	1.60
木材加工和木、竹、藤、棕、草制品业	0.74	铁路、船舶、航空航天和其他运输设备制造业	3.81
家具制造业	1.03	电气机械和器材制造业	2.15
造纸和纸制品业	1.18	计算机、通信和其他电子设备制造业	2.15
印刷和记录媒介复制业	1.20	仪器仪表制造业	3.16

续表

行业	研发经费投入强度	行业	研发经费投入强度
文教、工美、体育和娱乐用品制造业	0.92	其他制造业	2.44
石油加工、炼焦和核燃料加工业	0.38	废弃资源综合利用业	0.62
化学原料和化学制品制造业	1.40	金属制品、机械和设备修理业	1.28
化学纤维制造业	1.44	医药制造业	2.55

资料来源：2019 年全国科技经费投入统计公报。

（三）研发经费主要来源于企业

如表 2-3 所示，中国研发经费主要来源于政府资金和企业资金。2018 年政府资金和企业资金累计占比 96.85%，其他来源资金占比为 3.15%。从时间的演变趋势来看，政府资金占比从 2003 年的 29.92%下降到 2018 年的 20.22%，相应的，企业资金占比从 60.11%上升到 76.63%。数据表明，中国政府对研发的投入强度在减弱，企业在加强，逐步形成了以企业为主体的研发投入体系。根据日本政府公布的第四期科学技术基本计划草案，2020 年度的政府研究开发投资在国内生产总值（GDP）中所占比例将由 2008 年度的 0.67%提高到 1%，而 2018 年中国政府研发经费投入占 GDP 的比重仅为 0.44%，由此可见中国政府对研发活动的投入强度还有待提升。

表 2-3 研发经费的来源结构

单位：%

年份	政府资金	企业资金
2018	20.22	76.63
2017	19.81	76.48
2013	21.11	74.6
2009	23.41	71.74
2005	26.34	67.04
2003	29.92	60.11

资料来源：中国科技统计年鉴、中国统计年鉴。

（四）研发经费投入以试验发展为主

研发活动主要划分为基础研究、应用研究和试验发展。基础研究指一种不预设任何特定应用或使用目的的实验性或理论性工作，其主要目的是获得（已发生）现象和可观察事实的基本原理、规律和新知识。应用研究指为获取新知识，达到某一特定的实际目的或目标而开展的初始性研究。应用研究是为了确定基础研究成果的可能用途，或确定实现特定和预定目标的新方法。试验发展指利用从科学研究、实际经验中获取的知识和研究过程中产生的其他知识，开发新的产品、工艺或改进现有产品、工艺而进行的系统性研究。表 2-4 展示了中国研发经费在不同研发活动上的分配情况。由表 2-4 可知，2000—2019 年间，中国研发经费投入中基础研究占比一直较为稳定，在 5%上下波动，但值得注意的是，2019 年基础研究占比首次突破了 6.0%。除基础研究外，研发经费投入中应用研究的占比也出现了下降，从 2000 年的 17.0%下降到 2019 年的 11.3%，十年间下降了 5.7 个百分点。与基础研究和应用研究形成鲜明对比的是，研发经费投入中试验发展所占比重从 2000 年的 77.8%上升到 2019 年的 82.7%。数据表明，中国研发体系以试验发展为主，对于具有创新引领性的基础研究和应用研究的重视程度不够。

表 2-4　各类研发活动的经费分配

单位：%

年份	基础研究	应用研究	试验发展
2019	6.0	11.3	82.7
2015	5.1	10.8	84.1
2010	4.6	12.7	82.7
2008	4.8	12.5	82.8
2005	5.4	17.7	76.9
2000	5.2	17.0	77.8

资料来源：全国科技经费投入统计公报。

（五）企业是研发经费的执行主体

研发经费的执行主体通常为企业、研究机构与高校，表 2-5 呈现了研发经费在不同执行主体之间的分配情况。由表可知，企业所执行的研发经费占总研发经费的比重从 2000 年的 60.3%不断上升到 2019 年的 76.4%，企业作为中国研发活动的主体，其地位得到不断强化。从研究机构执行的研发经费来看，其执行的研发经费占比从 2000 年的 28.8%不断下降到 2019 年的 13.9%。与企业、研究机构执行的研发经费占比相比，高校执行的研发经费占比在 2000—2019 年间没有出现明显上升趋势也没有出现明显的下降趋势。

表 2-5 研发经费的执行主体结构

单位：%

年份	企业	研究机构	高校
2019	76.4	13.9	8.1
2015	76.8	15.1	7.0
2010	73.4	16.8	8.5
2005	68.3	20.9	9.9
2000	60.3	28.8	8.6

资料来源：全国科技经费投入统计公报。

二、关键特征的成因

（一）区域结构特征的成因

改革开放以来，在资本积累和人口红利的推动下，中国经济实现了高速增长。1978—2017 年的 39 年间，中国经济的年均增速达到 9.5%（林毅夫，2018）。然而，近年来，原先支撑经济高速增长的要素发生了重要的变化，资本边际收益递减现象开始出现，刘易斯拐点到来，人口红利逐渐消失。这一系列变化导致中国的经济增长轨道发生了重要改变，由高速增长阶段转向中高速增长阶段。因此，中国经济增长的新动能亟待形成，需要探索驱动经济增长的新途径，推动中国经济的高质量发展。

在要素驱动的经济增长模式难以为继的情况下，提高技术进步在经济增长中的贡献率被视为促进中国经济可持续发展的动力源泉和突破性路径。通过对中国 1978—2010 年的平均 GDP 增长率进行分解，发现资本积累、劳动力数量和人均受教育年限只能解释增长率的 76.1%，剩余的 23.9%则为技术进步的贡献（蔡昉，2018）。然而，2008 年以后技术进步对经济增长的贡献逐渐放缓，在很大程度上制约了中国经济发展质量的进一步提升（张辉，2018）。正是在这样的背景下，党的十八届五中全会创造性地提出了创新、协调、绿色、开放、共享的五大发展理念，并将创新置于首位，这也就意味着中国踏上了建设创新型国家和世界科技强国的新征程。

创新型国家和世界科技强国的建设需要转变创新模式，由跟踪、模仿、追赶型创新转向自主、引领型创新。为了实现中国自主创新发展，需要不断加强研发投入。可以说，中国不断加大研发投入强度的内在动力在于促进经济发展模式的转型升级，推动国家经济的高质量发展。正是由于创新模式转变的需要，中国东部需要不断加强研发经费投入，而中西部地区仍处于创新的跟踪、模仿和追赶阶段，创新模式转变的内在动力不足，相应地研发经费投入强度低于东部地区。

（二）行业结构特征的成因

中国研发投入的行业结构为技术密集型产业研发投入强度显著高于劳动密集型产业，导致这一现象产生的原因有两个方面，一是来自技术密集型对研发创新的内在需求，二是来自政府部门对劳动密集型产业的不重视。为了彰显地方产业发展的先进性，中国地方政府均在出台相应的产业政策鼓励新兴产业的创新发展。对于在新兴产业领域进行研发投入和取得创新成果的企业都会得到不同程度的政府创新补贴。相比之下，很少有针对传统产业创新发展的产业政策或创新政策，地方政府更多的是强调推动新一代信息技术与传统产业的融合，实现传统产业的转型升级，而不是促进传统产业的研发创新，实现传统产业的技术更迭。

（三）经费来源结构和执行结构特征的成因

前文的分析已经表明，企业已经是中国研发经费投入的重要主体，2018年研发经费投入中，企业投入占比76.63%。与此同时，企业也是中国研发经费执行的重要主体，2019年企业执行的研发经费占比为76.4%。由此可见，中国已经形成了以企业为主体的研发体系。长期以来，中国尤为重视研发成果的转化和商业应用，作为最为接近市场的创新主体，企业自然就承担起了研发经费投入和执行的重任。党的十九大报告提出，“深化科技体制改革，建立以企业为主体、市场为导向、产学研深度融合的技术创新体系”，十九届四中全会精神进一步强调“建立以企业为主体、市场为导向、产学研深度融合的技术创新体系，支持大中小企业和各类创新主体融通创新，创新促进科技成果转化机制，积极发展新功能，强化标准引领，提升产业基础能力和产业链现代化水平”。在创新实践中，由于未能真正领会中央所构建的技术创新体系的精髓，一味不断强化企业作为研发主体的地位，就可能导致政府在研发经费投入上出现“缺位”，高校和研究机构执行的研发经费的不足。在动态最优研发结构的视角下，可能在不同的经济发展阶段，研发经费的投入主体和执行主体是存在一个最优结构的。因此，我们所构建的技术创新体系是以企业为主，政府、企业、高校、研究机构多方协同的技术创新体系，但地方对中央精神的片面解读，有可能导致中国实际研发结构偏离了最优研发结构。正如下文我们将要分析的，研发资源过度倾斜于企业有可能是导致中国基础研究占比偏低的重要原因。

（四）经费配置结构特征的成因

2018 年中国研发经费主要来源于企业资金，企业资金占比为 76.63%，这说明中国已经形成了以企业为主体的研发经费投入体系。与此同时，中国研发经费投入中基础研究占比偏低，2019 年基础研究经费占研发经费的比重为 6%，与世界科技强国仍存在一定的差距。导致中国基础研究占比偏低的一个主要原因就在于以企业为主体的研发经费投入体系。基础研究具有很强的公共产品属性，正外部性显著，正是由于基础研究这样的特性，在中国知识产权保护还不完善的情况下企业不愿意从事基础研究。此外，中国的创新追赶战略和产业政策在一定程度上鼓励了企业追求短平快的非实质性创新，而非潜心进行基础研究，做出高质量的创新成果（张杰，2016；黎文靖和郑曼妮，2016）。总的来看，在知识产权保护制度不完善和国家创新追赶战略的激励下，当研发投入主体以企业为主时，企业进行基础研究的动力就会不足。

三、本节小结

本节分析了中国研发经费结构的关键特征。研究发现：随着经济的发展，中国的研发投入强度不断增加；研发投入强度沿东中西部地区依次递减；技术密集型产业的研发投入强度大于劳动密集型产业；企业已是研发经费投入和执行的重要主体；研发经费的配置偏向于试验发展。进一步，本节还分析了形成上述关键特征的基本原因。从本书的研究目的看，本节重点分析了研发投入中基础研究占比偏低的原因。研究认为，在知识产权保护制度不完善和国家创新追赶战略的激励下，当国家研发投入体系以企业为主时，企业追求短平快的非实质性创新、基础研究动力不足的现状就会制约研发投入中基础研究占比的提升。

第二节　研发结构视角下的中国基础研究

一、研发经费中基础研究占比

（一）总体态势

全国基础研究投入规模大，但基础研究投入占研发投入比重长期不变。在1998—2017年的20年时间里，中国基础研究投入从29亿元增加到975.5亿元，基础研究投入规模不断扩大，并保持较快的增速。然而，1998—2017年间，基础研究投入占研发投入的比重并未出现明显的上升，长期维持在5%左右的水平，说明中国的研发结构没有随着经济的发展而持续优化。在经济发展的起飞阶段，中国与世界科技前沿的差距较大，需要加大应用研究投入，提升模仿和引进创新能力，推动经济的快速增长。然而，随着经济发展到新的阶段，中国的科技创新能力不断增强，应用研究的增长效应会逐渐减弱，这时国家的研发投入方向就须转向基础研究，增强国家自主创新能力，方能实现经济的高质量发展（孙早和许薛璐，2017）。中国基础研究投入占研发投入比重的长期不变，必然难以支撑经济发展动能的转变。

与世界主要创新型国家相比较，中国基础研究投入占研发投入的比重明显偏低。图2-1根据2015年的数据绘制了13个国家经济发展水平与基础研究投入占研发投入比重的散点图。由图可以看出，瑞士的基础研究占比最高，为38.2%，日本与韩国也分别达到了12.5%、17.2%。与欧美日韩等国家和地区相比，中国的基础研究占比仅为5.1%，明显偏低。虽然国家基础研究投入会受到经济发展水平的制约，中国人均GDP与发达国家仍存在差距，基础研究占比偏低具有一定的合理性，但俄罗斯与中国的经济发展水平相当，其基础研究占比也达到了15.5%，是中国的3倍多。此外，韩国人均GDP在1992年为8140美元，与中国2015年的人均GDP基本一致，而1992年韩国基础研究占比为16%。由此可见，即使剔除经济水平因素后，中国基础研究投入水平偏低的基本事实依然成立。因此，优化研发结构，提高基础研究占比，对于推动中国迈向创新型国家具有重要的战略意义。

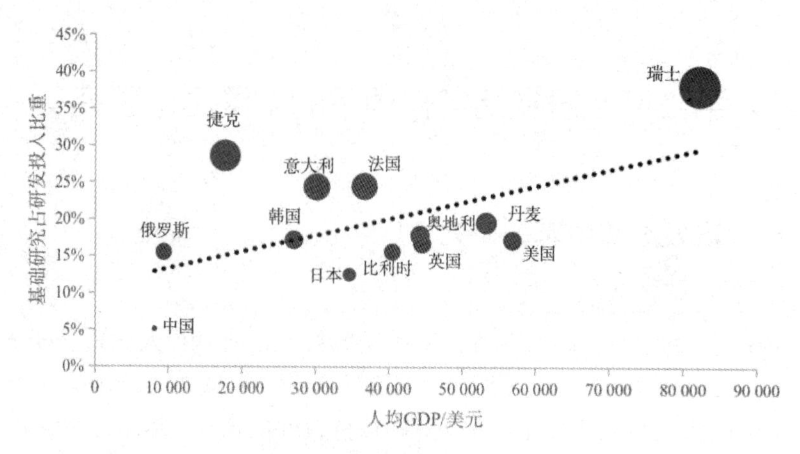

图 2-1　基础研究投入占研发投入比重的国际比较（2015 年）

资料来源：根据 2016—2018 年中国科技统计年鉴计算绘制。

（二）执行主体研发经费中基础研究占比

企业基础研究投入强度偏低是制约中国基础研究投入强度提升的关键原因。如图 2-2 所示，高校基础研究投入占高校研发投入比重从 2009 年的 31.1%上升到 2017 年的 42.0%；研究与开发机构基础研究投入占其研发投入比重相应从 11.1%增加到 15.8%。由此可见，中国高校、研究与开发机构在逐渐调整其研发结构，加大基础研究投入力度，高校基础研究投入强度增长速度要快于研究与开发机构。相比之下，企业基础研究投入占企业研发投入比重长期处于明显偏低的水平。2009—2015 年间，企业基础研究投入强度基本维持在 0.1%的水平，仅在 2016—2017 年提高到了 0.2%的水平。大量的研究已经表明，企业加强基础研究投入能够取得显著的经济绩效（Añón Higón，2016），因此企业基础研究动力的不足将在很大程度上制约中国基础研究能力的提升和经济的可持续增长。

在国际比较视野下，中国高等学校基础研究投入强度适中，但研究与开发机构和企业的基础研究投入强度较低。表 2-6 展示了世界主要创新国家 2015 年或 2016 年执行主体基础研究投入占其研发投入的比重。结合图 2-2 和表 2-6 可以发现，与世界主要创新国家相比，中国高校基础研究投入占高校研发投入比重并不低，高于韩国、日本、英国、俄罗斯等国家。从研究与开发机构的情况看，虽然中国研究与开发机构的基础研究投入强度一直在上升，但即使是 2017 年的投入强度也要低于其他国家早些年份的投入强度，也由此反映中国研究与开发机构基础研究的投入强度有待进一步增强。就企业的情况而言，主要创新国家的企业均将自身的一部分研发经费投入基础研究领域。例如，韩国企业将 11.9%的研发经费用于基础研究。无论是与经济发展水平相近的俄罗斯相比，还是与其他发达国家相比，中国企业从事基础研究的动力严重不足。

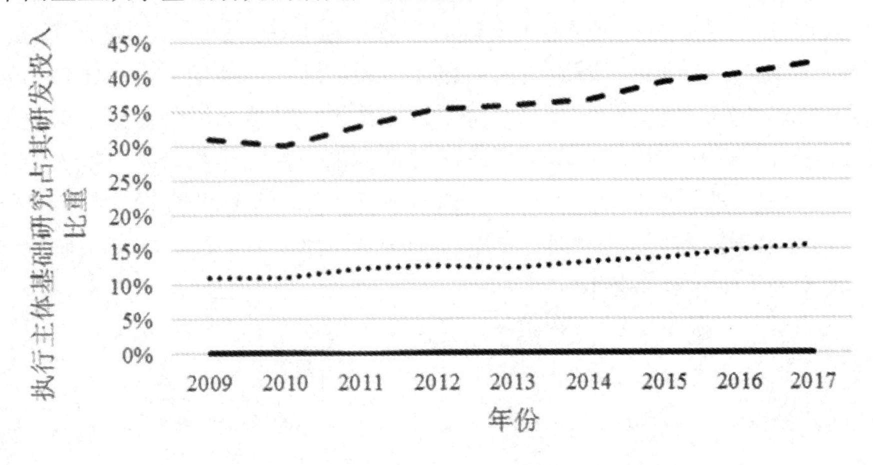

图 2-2　中国各执行主体基础研究投入占其研发投入的比重（2009—2017 年）

资料来源：根据 2010—2018 年中国科技统计年鉴计算绘制。

表 2-6　执行主体基础研究投入占其研发投入比重的国际比较

国家（年份）	高等学校	研究与开发机构	企业
韩国（2016）	34.8	29.3	11.9
日本（2016）	37.7	23.2	7.5
英国（2015）	33.3	41.9	6.7
美国（2016）	62.8	18.1	6.1
法国（2015）	74.2	23.9	6.1
俄罗斯（2016）	30.9	32.3	1.5

资料来源：姜桂兴和程如烟（2018）的研究。

（三）地区研发经费中基础研究占比

东中西部地区基础研究投入强度的演变轨迹存在显著的地区异质性，且西部地区基础研究投入强度高于东中部地区。如图 2-3 所示，2009—2017

年间，东部基础研究投入强度基本呈不断上升的趋势，从4.2%上升到5.4%。其中，2014年以后东部基础研究投入强度上升速度明显加快。2009—2014年间，中部基础研究投入强度在波动中下降，从5.2%下降到3.6%。2014年此后，中部基础研究投入强度逐渐上升，增加到2017年的3.9%。西部基础研究投入强度的波动性比较大，基本在6%—7%之间浮动。由图2-3还可以发现，截止到2017年，基础研究投入强度从高到低分别是西部、东部、中部。一般来说，随着与前沿技术差距的缩小，基础研究占比会不断提升，但西部地区的情况却并不符合这一结论，可能的原因在于西部缺乏应用研究产业化的市场环境，导致研发结构偏向基础研究。研发投入中存在一个最优的基础研究占比，任何偏离最优占比的基础研究投入都有可能会拖累经济增长，因此中部过低的基础研究占比、西部过高的基础研究占比均不利于地区经济增长。

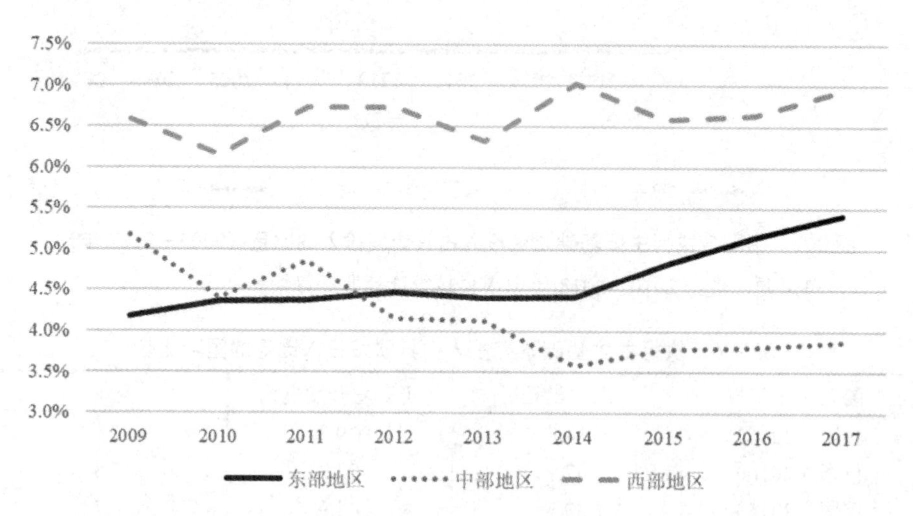

图2-3　基础研究投入占研发投入比重的区域比较（2009—2017年）

资料来源：根据2010—2018年中国科技统计年鉴计算绘制。

基础研究投入强度的省域差异要大于东中西部地区之间差异。如图2-4所示，在2017年，基础研究投入占研发投入比重比较高的地区，除北京外是西藏（40.1%）、海南（30.6%）、黑龙江（15.6%）等经济欠发达地区；投入占比比较低的地区，除浙江外大多也是河南（1.8%）、河北（2.3%）、内蒙古（2.8%）等经济发展水平较低的地区；而基础研究投入占比居中的地区除辽宁外，主要是上海（7.7%）、天津（7.3%）、广东（4.7%）等经济水平较高的地区。数据再一次表明，基础研究与应用研究需要相互协调，才能更好地推动经济增长，过高或过低的基础研究水平均有可能拖累经济增长。此外，2009—2017 年，有 9 个省份的基础研究占比出现了下滑。

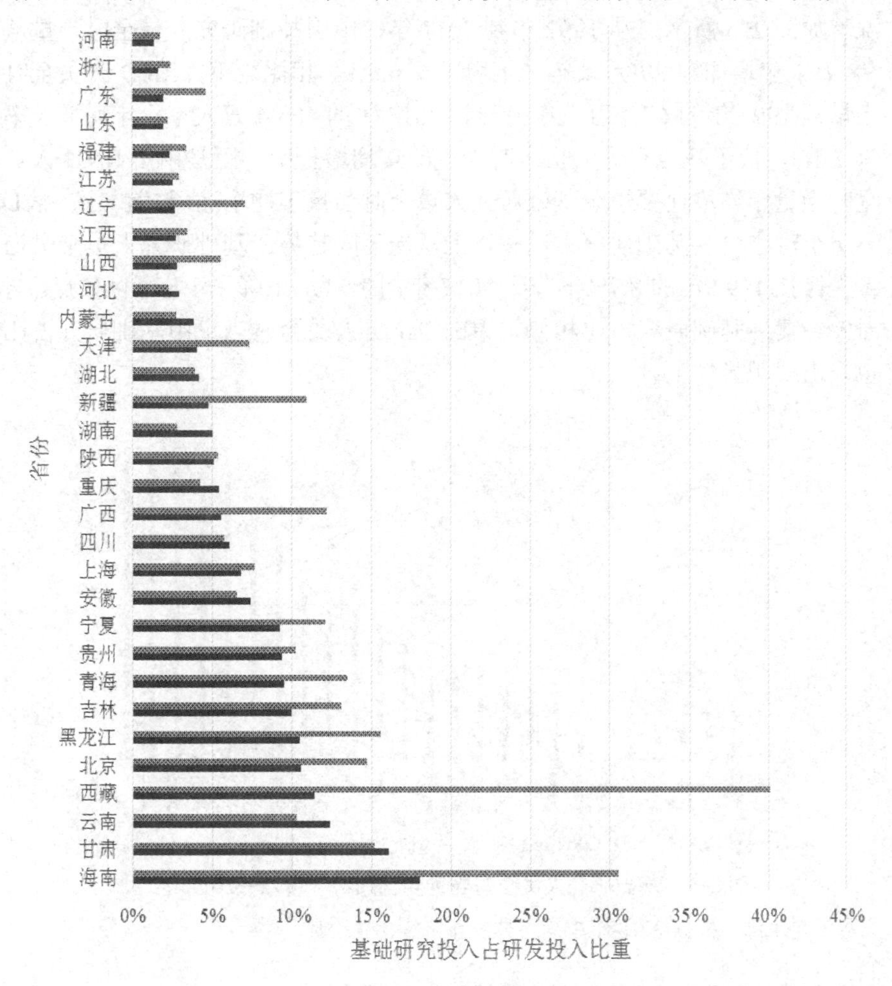

图 2-4　基础研究投入占研发投入比重的省域比较

资料来源：根据 2010 年与 2018 年中国科技统计年鉴计算绘制。

二、R&D 人员中基础研究占比

（一）总体态势

本节利用基础研究人员全时当量来衡量中国基础研究人员的投入情况。如图 2-5 所示，从 1992 年到 2017 年，中国基础研究人员全时当量从 5.8 万人年增加到 29 万人年，年均增长 6.6%。相比之下，R&D 人员全时当量从 1992 年的 67.4 万人年上升到 2017 年的 403.4 万人年，年均增长率为 7.4%，快于基础研究人员全时当量的年均增长率。正是由于 R&D 人员全时当量年均增速要快于基础研究人员全时当量年均增速，这就导致 R&D 人员全时当量中基础研究占比整体上呈现下降趋势。基础研究人员全时当量占比从 1992 年的 8.7%下降到 2017 年的 7.2%，下降了 1.5 个百分点。与研发经费中基础研究占比相似，中国 R&D 人员全时当量中基础研究占比也未出现明显的上升。

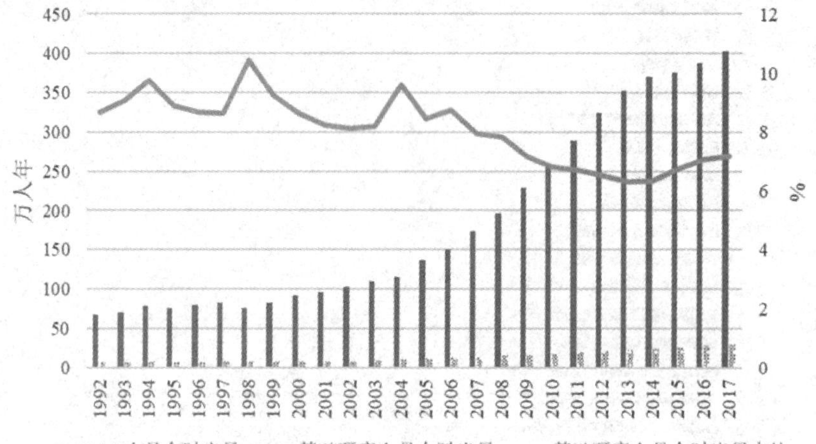

图 2-5　基础研究人员全时当量变化趋势（1992—2017 年）

资料来源：根据 2018 年中国科技统计年鉴计算绘制。

（二）执行主体 R&D 人员中基础研究占比

如表 2-7 所示，高等学校基础研究人员投入最大，2017 年高等学校基础研究人员全时当量 18.06 万人年，比研究与开发机构、企业分别约高 113.98%、2555.88%。高等学校、研究与开发机构、企业基础研究人员全时当量占各自 R&D 人员全时当量的比重分别为 47.25%、20.80%、0.22%。

由此可见，企业基础研究投入强度明显偏低。在建立以企业为主体的技术创新背景下，企业有必要加强基础研究的人员投入力度，这样才能更好地建立起基础研究与应用研究的融通机制，推动国家和企业的创新发展。

表 2-7 执行主体基础研究人员全时当量（2017 年）

类别	高等学校	研究与开发机构	企业
R&D 人员全时当量（万人年）	38.22	40.57	311.98
基础研究人员全时当量（万人年）	18.06	8.44	0.68
基础研究人员全时当量占比（%）	47.25	20.80	0.22

资料来源：根据 2018 年中国科技统计年鉴计算绘制。

（三）地区研发人员中基础研究占比

如表 2-8 所示，从基础研究人员全时当量来看，2017 年东部地区规模明显大于中部和西部地区，东部分别约为中部、西部的 3.70 倍、2.75 倍。就基础研究人员全时当量占比来看，从西向东依次递减。2017 年东部基础研究人员全时当量占比为 5.95%，分别比中部、西部低 3.21 个百分点、5.01 个百分点。

表 2-8 地区基础研究人员全时当量（2017 年）

类别	东部	中部	西部
R&D 人员全时当量（万人年）	264.58	68.34	52.26
基础研究人员全时当量（万人年）	15.75	4.26	5.73
基础研究人员全时当量占比（%）	5.95	9.16	10.96

资料来源：根据 2018 年中国科技统计年鉴计算绘制。

三、本节小结

本节从研发结构的视角出发分析了中国基础研究经费与基础研究人员的发展情况。从基础研究经费的角度看，可以得到以下研究结论：全国基础研究投入规模大，但基础研究投入占研发投入比重长期不变；企业基础研究投入强度偏低是制约中国基础研究投入强度提升的关键原因；在国际比较视野下，中国高等学校基础研究投入强度适中，但研究与开发机构和企业的基础研究投入强度较低；东中西部地区基础研究投入强度的演变轨迹存在显著的地区异质性，且西部地区基础研究投入强度高于东中部地区；

基础研究投入强度的省域差异要大于东中西部地区之间。基础研究研发人员分析呈现出的结论与经费分析得到的结论基本一致。

第三节　基础研究区域合作的网络特征与结构演化：基于成渝地区双城经济圈的研究

随着创新复杂性的加强，强调协同、协作的基础研究成为创新产出的重要模式。一方面，面对产业链关键核心技术被国外“卡脖子”的困境，需要以更大力度推动基础研究合作，实现关键核心技术的突破（肖广岭，2019）。另一方面，需要以多主体基础研究合作提升区域创新能力，弥合区域科技创新水平差距，形成创新的国内大循环。城市群和都市圈作为实施新发展格局的重要空间载体，其区域创新格局关系着国内大循环的畅达度，也关系着国家创新能力建设，在国家创新发展中意义重大。以城市群和都市圈为依托的基础研究合作逐渐成为科技创新发展的重要趋势，基础研究合作的网络结构特征关系着区域创新能力的发展。成渝地区双城经济圈是中国区域发展的战略支撑和建设高地，肩负着建成具有全国影响力的科技创新中心的使命，同时其区域创新也是构成国内创新大循环的重要部分。因此，本节以成渝地区双城经济圈为例，研究基础研究区域合作的网络特征与结构演化。本节首先从静态特征事实角度研究成渝基础研究合作的基本发展格局，然后从动态演化视角研究基础研究合作网络的整体结构并识别其网络关键参与者，以期为成渝地区双城经济圈提升区域创新发展水平和有效融入国内创新大循环提供研究启示。

一、数据来源与研究方法

（一）数据来源

本节选取川渝[①]2006—2019 年科技进步奖获奖项目为基本数据，主要基于以下考虑。其一，科技进步奖获奖项目是每年基础研究成果中的优秀成果，在创新水平上具有代表性，这些成果中不乏旨在解决“卡脖子”技

① 注：本节中“川渝”代表四川和重庆全境，“成渝”代表成渝地区双城经济圈。

术的基础研究成果。因此，科技进步奖的合作获奖项目能在一定程度上代表区域基础研究合作的能力水平。通过对科技进步奖合作获奖项目的梳理还可识别关键合作参与者。其二，2006—2019 年的研究范围基本全部覆盖了"十一五""十二五"和"十三五"时期。[①]通过对三个五年规划期间成渝地区双城经济圈基础研究合作网络结构情况的研究，能为优化成渝地区双城经济圈中长期的合作创新提供参考。

在获取基本数据的基础上，本研究按照以下方式对数据进行梳理：①剔除获奖项目中由一个单位完成的项目，只保留 2 个及以上单位合作完成的项目，同时剔除合作单位全部在成渝地区双城经济圈之外的获奖项目；②在第一步的基础上，将有四川和重庆外的机构参与的，同时有四川或重庆的机构参与的合作项目，统计为成渝地区双城经济圈与外省的跨省合作项目；③将凡同时包含川渝机构参与的合作项目视为成渝地区双城经济圈内跨省合作项目；④本研究运用 COOC 软件对基础研究主体的合作矩阵进行构建，分别构建了"十一五""十二五""十三五"（"十三五"以 2016—2019 年的数据为准）三阶段的成渝地区双城经济圈的科技进步奖的合作创新网络（以下简称成渝地区双城经济圈合作创新网络）。

（二）研究方法

社会网络分析法被广泛运用于社会行动者之间"关系"及网络的研究（刘军，2019），同时也是合作创新领域分析网络结构和特征的有效方法。本节关于成渝地区双城经济圈基础研究合作创新网络的分析，利用 ucinet 软件对各项指标进行计算，并运用 Netdraw 软件制作合作网络的可视化图。研究选取的网络研究指标包括网络规模、网络密度、中心势等 9 项指标，具体说明见表 2-9。

表 2-9　网络研究指标的说明

指标名称	指标解释	指标用途
网络规模	网络中实际包含的行动者数量，网络规模越大，越易形成创新的网络规模效益	结合"关系数"及"平均关系数"用以测量不同阶段参与合作创新的机构数量，以确定创新网络的扩散效应和合作深度的变化

① 因本书成书时间为 2021 年初，当时书中成渝科技进步奖 2020 年数据尚未公布，故未能实现对"十三五"中 2020 年数据的覆盖。

续表

<table>
<tr><th>指标名称</th><th>指标解释</th><th>指标用途</th></tr>
<tr><td>网络密度</td><td>网络中实际关系数与可能关系数的比值，网络密度越大，成员间关系越紧密，网络对成员行为的影响也越大</td><td rowspan="2">网络密度与度数中心势两项指标均用以测量整体网络结构特征，以衡量整体网络的集中性和分散性特征。集中性越强（密度越高+中心势越高），网络的连接越紧密，网络的协调性则越强；反之，（密度越低+中心势越低）则连接越松散，网络呈低效率沟通</td></tr>
<tr><td>度数中心势</td><td>度数中心势反映整体网络向某一或几个点集中的趋势，度数中心势越大表明网络越具有集中趋势</td></tr>
<tr><td>中间中心势</td><td>中间中心势越大，表明网络被少数节点控制的可能性越高</td><td rowspan="2">中间中心势和凝聚力指数用于测量整体网络被少数节点控制的程度，测量网络中是否存在权力和信息中心</td></tr>
<tr><td>凝聚力指数</td><td>凝聚力指数越高表明网络越具有凝聚力，网络中信息、权力就越分散，越不易受个别节点的控制；凝聚力指数越低，表明网络的权力越集中，信息越集中，网络易受个别节点的控制</td></tr>
<tr><td>平均距离</td><td>指两创新节点之间最短途径的平均长度</td><td rowspan="2">聚类系数和平均距离结合用以测量整体网络的小世界效应，小世界效应用以描述整体网络的可达性，同时表征网络中的“抱团”和“桥接”效应</td></tr>
<tr><td>聚类系数</td><td>聚类系数越高即网络越呈现聚簇状态，网络的机构效率也越高</td></tr>
<tr><td>度数中心度</td><td>与某一行动者直接相连的点的个数，即与某一创新行动者直接产生合作关系的行动者的个数</td><td>用以测量网络中谁是活跃的参与者、谁被其他参与者更多依赖，谁具有更高的网络影响力</td></tr>
<tr><td>结构洞</td><td>指两行动者之间非冗余的联系，占据结构洞位置的行动者能在网络中占据信息优势和资源优势，一个行动者在网络中占据越多的结构洞，这种优势就更显著</td><td>用以测量谁占据了网络中的非冗余联系，哪些关键创新者控制了网络的信息和资源</td></tr>
</table>

资料来源：作者自制。

二、成渝地区双城经济圈基础研究合作的网络特征

（一）合作成为基础研究主导模式

如图 2-6 所示，在科技进步奖层面，合作已成为取得基础研究成果的主导模式。从总体情况来看，合作完成的研究项目数多于独立完成的研究项目数。2006—2019 年，成渝地区双城经济圈内共产生了 4972 项获奖项目，其中合作项目共 2915 项，总体合作率为 58.63%。从发展趋势看，“十一五”“十二五”“十三五”期间，基础研究合作率分别为 49.77%、58.03%、70.6%，合作率显著提升。具体到四川和重庆来看，“十一五”“十二五”“十三五”期间四川省的基础研究合作率分别为 49.03%、57.65%和 69.35%，重庆市则分别为 51.1%、58.68%和 73.21%，均呈现显著的提高趋势，并且重庆的基础研究合作率略高于四川。

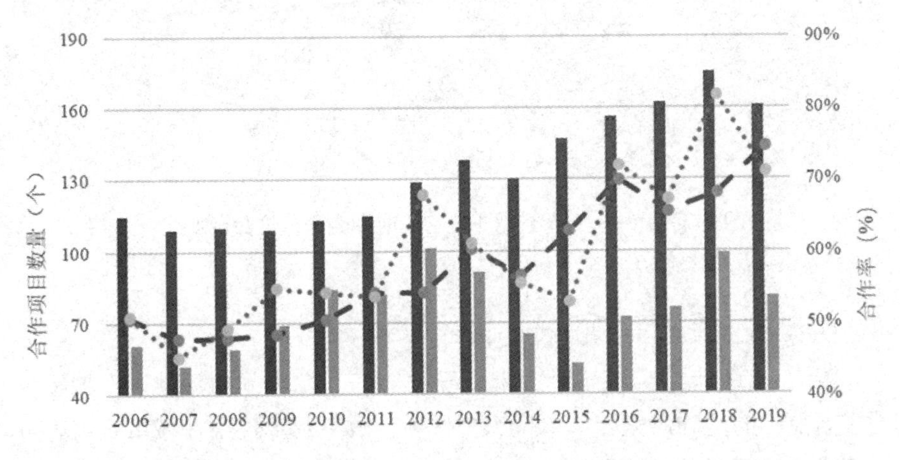

图 2-6　基础研究合作获奖项目数及合作获奖率变化图（2006—2019 年）

资料来源：作者绘制。

（二）研究共享性逐步增强

基础研究共享性表现为在研究过程中研究主体的资源、知识、技术共享或交换。一般情况下，一项基础研究成果参与的主体越多，表明基础研究所需要的知识、技术、资源的复杂性越高，基础研究的共享性就越强。图 2-7 展示了从“十一五”到“十三五”时期基础研究合作单位的数量变

化。由图可以看出，在“十一五”时期，2 个合作单位的比例为 47.11%，4 个以上合作单位的比例为 25.31%。到了“十三五”时期，2 个合作单位的比例下降到 28.38%，4 个以上合作单位的比例上升为 46.39%。由此说明，共同开展基础研究的主体在不断增加，基础研究的共享性也在不断增强。

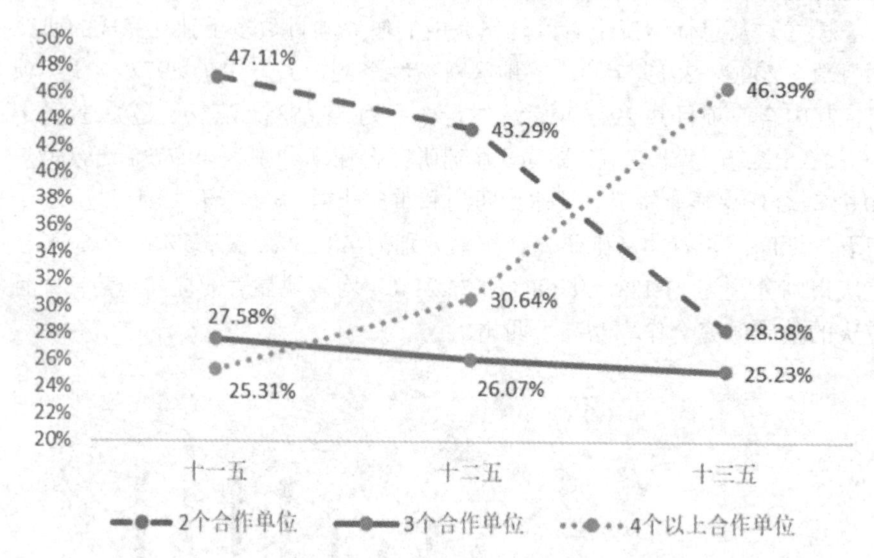

图 2-7 “十一五”到“十三五”时期合作单位数量变化

资料来源：作者绘制。

（三）合作形成“双城”中心格局

表 2-10 统计了“十一五”“十二五”“十三五”期间成渝地区双城经济圈排名前十的基础研究合作单位、合作项目数量及单位所在城市。由表可知，成渝地区双城经济圈形成了以成都和重庆为核心的合作创新中心。高校是成渝地区双城经济圈基础研究合作的主要单位，这与高校是知识中心、研究中心的角色有重要关系，也进一步说明知识和技术是基础研究合作主要的资源导向。从成都来看，西南交通大学、四川农业大学、四川大学、电子科技大学、西南石油大学是较稳定的基础研究合作节点。从重庆来看，重庆大学、西南大学、重庆邮电大学、重庆交通大学、重庆科技学院等是较稳定的基础研究合作节点。

表 2-10　成渝地区双城经济圈主要基础研究合作单位统计（获奖前十）

2006—2010 年			2011—2015 年			2016—2019 年		
机构	项目数	城市	机构	项目数	城市	机构	项目数	城市
重庆大学	93	重庆	重庆大学	90	重庆	重庆大学	97	重庆
西南交通大学	56	成都	四川农业大学	70	成都雅安	四川农业大学	83	成都雅安
四川农业大学	47	成都雅安	四川大学	68	成都	四川大学	58	成都
四川大学	41	成都	西南交通大学	51	成都	四川省农业科学院	56	成都
重庆交通大学	38	重庆	四川省农业科学院	35	成都	西南交通大学	47	成都
四川大学华西医院	34	重庆	西南大学	35	重庆	电子科技大学	45	成都
重庆理工大学	32	成都	重庆交通大学	31	重庆	西南石油大学	39	成都
四川省农业科学院	32	成都	电子科技大学	27	成都	西南大学	31	重庆
西南大学	25	重庆	四川省林业科学研究院	24	成都	重庆邮电大学	31	重庆
重庆邮电大学	23	重庆	重庆科技学院	23	重庆	成都信息工程大学	29	成都

资料来源：作者自制。

（四）持续融入国内基础研究体系

基础研究越来越依赖于多主体合作。多元的基础研究主体既有利于推动持续的基础研究产出，也有利于更好地融入创新链、知识链和价值链，助推形成高效的区域基础研究“自转”体系和全国基础研究“公转”体系（范旭和刘伟，2020）。通常情况下，基础研究主体的地理邻近性有利于达成研究主体间的合作。当跨越行政边界的基础研究合作项目增加，说明地理邻近性对促成基础研究合作的作用减弱，而知识和技术邻近性的作用增强，在其影响下基础研究会更多融入国家基础研究体系中。图 2-8 反映了成渝地区双城经济圈跨省基础研究合作率的变化情况。由图可知，从“十一五”到“十三五”，跨省基础研究合作率从 28.38%提升到 42.83%，其中成渝地区双城经济圈内跨省基础研究合作率从“十一五”的 5.68%，提升到“十三五”的 9.87%，同时成渝地区双城经济圈与外省基础研究合作率则从 22.70%提升到 32.96%。数据说明，成渝地区双城经济圈的跨域合作率不断提升，基础研究持续融入区域和国家基础研究体系中。

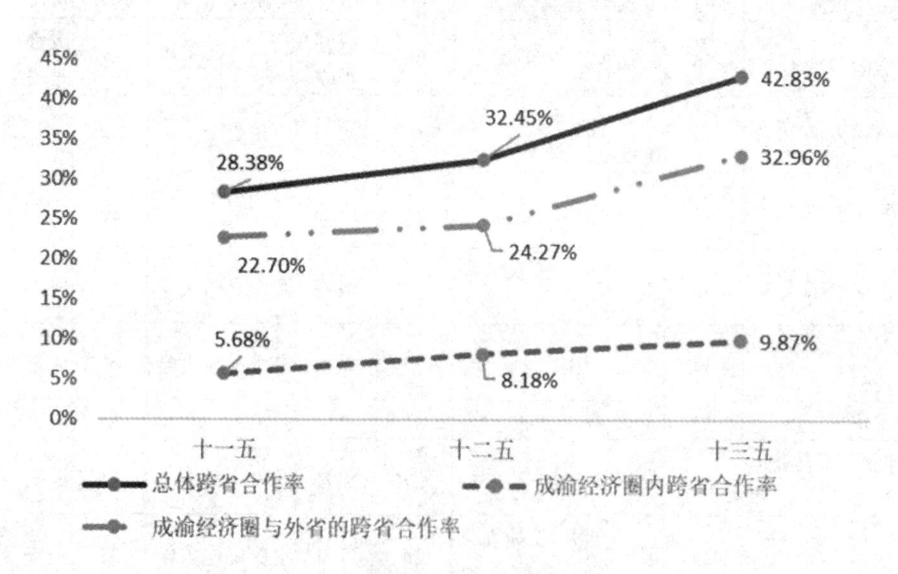

图 2-8　成渝地区双城经济圈跨省基础研究合作率变化趋势

资料来源：作者绘制。

三、成渝地区双城经济圈基础研究合作网络的结构演化

（一）整体网络结构的演化

研究分别从“十一五”“十二五”“十三五”3 个时间段，对基础研究合作的整体网络各项指标进行统计，具体如表 2-11 所示。通过对表中数据的分析，可以发现成渝地区双城经济圈基础研究合作的整体网络演化表现为以下特征。

表 2-11　成渝地区双城经济圈基础研究合作的整体网络结构特征

测量指标	“十一五”（2006—2010 年）	“十二五”（2011—2015 年）	“十三五”（2016—2019 年）
网络规模	1449	1703	1904
关系数	6982	8906	11436
平均关系数	4.82	5.23	6.00

续表

测量指标	“十一五”（2006—2010 年）	“十二五”（2011—2015 年）	“十三五”（2016—2019 年）
网络密度	0.0030	0.0027	0.0029
网络密度（标准化）	0.067	0.066	0.065
度数中心势	1.56%	1.05%	1.27%
中间中心势	20.43%	26.08%	22.39%
平均距离	4.125	3.915	3.672
凝聚力	0.167	0.189	0.235
聚类系数	0.861	0.856	0.876

资料来源：作者自制。

第一，合作的广度和深度持续提高。整体网络规模由“十一五”时期的 1449 家机构上升到“十三五”时期的 1904 家（由于 2020 年数据未计入，否则实际网络规模更大），同时合作关系数由 6982 上升到 11436。从绝对规模的角度看，成渝地区双城经济圈合作规模呈现持续性扩大趋势。随着基础研究的难度增大，研究主体知识合作的对象、范围均呈现扩散效应。网络平均关系数从 4.82 条增长到 6 条，表明了在合作对象扩展的同时，合作研究主体的交流次数也在增加，交流次数的增加说明网络中研究者之间的研究深度在逐步加深。

第二，合作网络保持整体的分散性特征。网络密度一定程度上反映了网络行动者的关系紧密程度，具备较高的网络密度则表明网络的连通效率高，成员间的联系越紧密，网络对其参与者的创新行为影响越大。从“十一五”到“十三五”，整体网络密度变化幅度较小，密度绝对值较低，说明整体网络的成员连通效率较低，呈现基础研究资源的分散性分布的特征。从度数中心势的具体数值来看，均保持在 1%左右的水平，说明网络的集中性弱，进一步表明了基础研究网络的分散性特征显著。

第三，合作网络存在权力和控制中心。如果一个网络的很多条连线都经过一个节点，那么这个网络具有较小的凝聚力；如果一个网络的连线不是围绕着一个节点展开的，那么该网络具有较大凝聚力（刘军，2019）。网络的凝聚力可用凝聚力指数测量，凝聚力指数越大表明网络的凝聚力越强。由表 2-11 可知，整体网络的凝聚力指数从“十一五”的 0.167 上升到“十三五”的 0.235，呈现小幅增长趋势，说明整体网络的权力和信息逐步走向分散，基础研究行动者的地位平等性增强。但由于凝聚力指数的绝对数值较低，说明整个网络存在权力中心，基础研究网络易受个别节点的影响。同样，从中间中心势来看，“十一五”到“十三五”，网络中间中心势先升后降，但总体维持在22%左右的稳定水平，说明网络中存在少数相对稳定的节点在一定程度上控制网络的情况。

第四，合作网络的小世界效应提升。米尔格兰姆（Milgram，1967）的六度空间理论为小世界的研究奠定了理论基础，瓦特（Watts）和斯特罗加茨（Strogatz，1998）将小世界的性质描述为：其具有整个网络巨大、网络稀疏、去中心化、高度聚类的特征，即小世界网络虽大部分节点不直接相连，但多数节点可通过其他节点经几步建立起连接。从量化的角度看，形成小世界网络需要满足较高的聚类系数（取值在0—1之间）和较短的平均距离（平均距离小于10）两个条件（Watts和Strogatz，1998）。由表2-11可知，“十一五”到“十三五”期间整体网络的平均距离从4.125缩短到3.672，聚类系数从0.861上升到0.876，表明网络的小世界效应得到提升。根据小世界效应的特征进一步分析可知，整体网络的“桥接”效应呈增强趋势，网络的知识、技术流动效率逐步提升。

（二）个体网络的演化

通过对个体网络中度数中心度和结构洞两项指标的测量，可以对网络的核心参与者进行识别。前者描述的是与某一节点产生直接合作关系的机构数量，刻画的是基础研究节点在网络中的交往能力（罗能生等，2019），后者描述的是两基础研究节点之间非冗余的联系，即在网络中两节点取得联系必须经过结构洞占有者，一旦将网络中的结构洞拿掉，则网络会发生重大变化，结构洞占有者是网络的信息和资源控制者，其刻画的是基础研究节点在网络中的控制能力。

（1）度数中心度分析。表2-12统计了“十一五”“十二五”“十三五”时期网络度数中心度排名前十的基础研究合作机构。从总体看，重庆大学、四川农业大学、四川大学、西南交通大学、四川省农业科学院基本占据前五位置，说明这些机构是合作网络的中心节点，具有较强的研究资源整合能力和影响力。从绝对度数中心度来看，排名前十的机构直接合作的机构数均呈现较大程度增长，说明核心主体有效扩大了研究合作范围，其中电子科技大学在“十三五”期间的绝对增长值较大，成为新晋的核心参与者。从相对度数中心度来看，从“十一五”到“十三五”排名前十的机构的相对度数呈总体下降趋势，说明虽然整体网络规模和合作关系均上升了，但从整体网络的角度看，网络规模的相对规模增长大于合作关系相对规模的增长，从侧面也说明网络的分散性趋于增强。

表 2-12　成渝地区双城经济圈基础研究合作的度数中心度

"十一五"（2006—2010 年）				"十二五"（2011—2015 年）				"十三五"（2016—2019 年）			
机构名称	度数中心度			机构名称	度数中心度			机构名称	度数中心度		
	绝对值	标准值	排名		绝对值	标准值	排名		绝对值	标准值	排名
重庆大学	208	1.596	1	四川农业大学	219	1.072	1	重庆大学	319	1.290	1
西南交通大学	157	1.205	2	重庆大学	208	1.018	2	四川农业大学	289	1.169	2
四川农业大学	128	0.982	3	四川大学	170	0.832	3	四川省农业科学院	186	0.752	3
四川省农业科学院	103	0.790	4	西南交通大学	161	0.788	4	四川大学	175	0.708	4
重庆交通大学	88	0.675	5	四川省农业科学院	131	0.641	5	西南交通大学	136	0.550	5
四川大学	81	0.622	6	西南大学	93	0.455	6	电子科技大学	111	0.449	6
成都理工大学	72	0.552	7	重庆交通大学	91	0.446	7	西南大学	111	0.449	7
四川省林业科学研究院	66	0.506	8	四川省林业科学研究院	79	0.387	8	重庆邮电大学	98	0.396	8
重庆理工大学	56	0.430	9	成都中医药大学	65	0.318	9	西南石油大学	92	0.372	9
西南大学	55	0.422	10	四川省农业技术推广总站	51	0.250	10	重庆交通大学	85	0.344	10

资料来源：作者自制。

（2）结构洞分析。结构洞的测量指标主要包括 Freeman（1979）的中间中心度指标和伯特（Burt，1994）的结构洞指数。本研究采用 Burt（1994）

的指标，其主要包括有效规模、效率、限制度和等级度四个指标。本研究选取公认最重要的限制度对网络的结构洞进行测量。从限制度值来看，值越小表示该节点受到的限制越小，即节点占据了越多的结构洞（若取值为0，则表示该点是孤立点，并未占据结构洞）。表2-13反映了“十一五”到“十三五”期间排名前十的结构洞占有者。从总体来看，三阶段排名前十的结构洞占有者发生了一定变化，但重庆大学、四川大学、四川农业大学、重庆交通大学、四川省农业科学院、西南交通大学是稳定的结构洞占有者，此外电子科技大学是持续保持结构洞地位上升的节点。从限制度的具体数值来看，三阶段排名前十的核心节点的限制度指数总体呈现下降趋势，说明这些核心节点对网络的控制能力在持续增强，即在成渝地区双城经济圈基础研究合作中，这些节点对研究资源的掌控力增强，控制着研究资源的流向及知识的扩散方向。

表2-13 成渝地区双城经济圈基础研究合作网络的结构洞分析

“十一五”（2006—2010年）		“十二五”（2011—2015年）		“十三五”（2016—2019年）	
机构名称	限制度	机构名称	限制度	机构名称	限制度
重庆大学	0.029	四川大学	0.023	重庆大学	0.020
四川农业大学	0.032	重庆大学	0.025	四川农业大学	0.027
西南交通大学	0.042	四川农业大学	0.029	四川大学	0.030
四川省林业科学研究院	0.051	西南交通大学	0.042	电子科技大学	0.043
重庆交通大学	0.063	电子科技大学	0.053	西南大学	0.046
重庆邮电大学	0.067	西南大学	0.060	四川省农业科学院	0.048
四川省农业科学院	0.076	四川省林业科学研究院	0.060	西南交通大学	0.050
成都理工大学	0.078	西华大学	0.067	重庆交通大学	0.053
西南大学	0.083	重庆交通大学	0.069	西南石油大学	0.063
四川大学	0.093	四川省农业科学院	0.073	四川大学华西医院	0.067

资料来源：作者自制。

四、成渝地区双城经济圈基础研究合作的生成逻辑

本节将按照图2-9所示的“动机—影响因素—模式”的分析逻辑，研究成渝地区双城经济圈基础研究合作的生成逻辑。

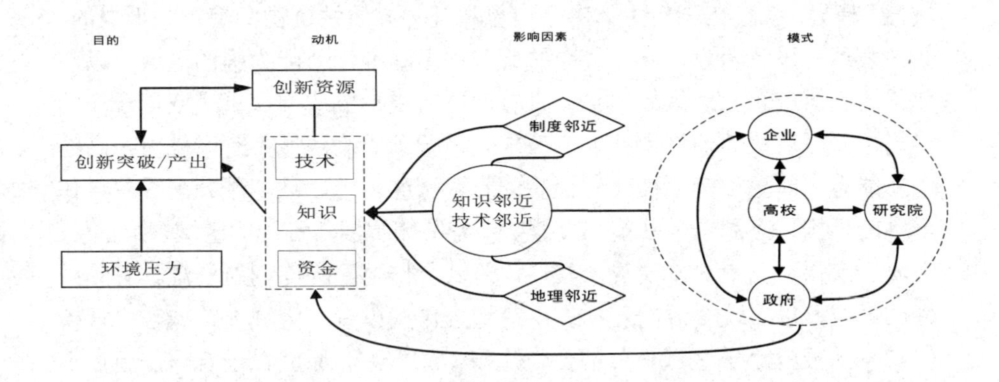

图 2-9　成渝地区双城经济圈基础研究合作网络驱动逻辑图

资料来源：作者绘制。

（一）创新资源与环境压力：基础研究合作的内外动机

激烈的创新竞争环境造成的市场性压力，构成了创新主体追求创新产出的外部动机。合作创新能解决一个组织（个体）不能解决的创新产出问题，或能高效低成本解决一个组织（个体）只能低效率高成本解决的创新产出问题。从社会交换角度看，解决这些创新问题均可视为对知识、技术和资金等稀缺性创新资源的社会交换，即追求创新产出所需的创新资源是进行合作创新的内部动机。在合作创新语境下，创新表现为更多的复杂性，对知识、技术等创新资源的需求则更加突出高质量性和互补异质性。通常情况下，高质量的创新资源多集聚于经济水平和研发水平较高的区域，所以这些区域往往成为其他区域合作的对象。同时，区域外机构往往更能有效提供互补异质性的资源，原因在于同城市或同城圈的创新资源具有更大程度上的同质性。基于以上分析，不难看出以跨域方式寻求创新合作，其动机是以社会交换的方式寻求更优质和互补的创新资源，进而达成创新产出的目的。

成渝地区双城经济圈基础研究合作亦展现出如此的动机模式。从科技进步奖合作获奖数据变化来看，跨域合作创新率呈现显著的增长，从自由探索阶段（2006—2010 年）的 28.38%上升到深化合作阶段（2016—2019 年）的 42.83%，说明跨域合作创新逐渐成为合作创新的主流，间接表明优质创新资源的交换愈发依赖全国大循环。成渝地区合作创新呈现出的“跨域性”趋势，就是在创新主体对高质量和互补异质性资源的追求中形成的。具体表现在以下两点。其一，跨域合作更多瞄准创新能力强的区域，以获取优质创新资源。从区域内合作来看，之所以形成成都和重庆双城合作的格局，而区域内其他城市并未有效加入，源于成渝两城具有区域内最高的创新能力，能更多满足彼此对优质创新资源的需求。从区域外来看，合作最多的机构均来源于创新能力较强、能提供优质创新资源的区域，如北京、上海、广州、西安、武汉等。其二，跨域合作更多瞄向创新资源具有异质性的区域，以实现资源的互补。从跨域合作规模看，区域内跨域合作规模（237 项）要远小于区域内外的合作规模（769 项），原因在于合作创新追求异质性资源以形成资源的互补（张倪，2020）。成渝由于地理及历史原因，创新资源的同质性相对较强，因此，合作对象更多选择异质性、互补性较强的区域外创新主体。

（二）知识邻近与技术邻近：基础研究合作的核心因素

多元邻近性影响创新主体的合作选择，进而影响创新主体间的资源交换行动。同时，多元邻近性对创新主体间合作的影响，视合作水平、合作领域、创新发展阶段和区域特质的不同而不同。随着创新对知识和技术等资源提出更高的要求，知识和技术邻近性对创新的影响作用逐渐受到更多的关注（李燕，2019）。知识及技术是基础研究合作的主要诉求，进而可知，知识和技术邻近性是影响创新主体间进行资源交换的核心因素。成渝地区双城经济圈基础研究合作形成了以高校为中心和以研究院为次中心的知识与技术格局。从区域内外的合作看，处于高频次和关键节点的合作对象是清华大学、同济大学、武汉大学、大连理工大学、长安大学、中国电力科学研究院等高校和研究院单位。从区域内的合作看，处于高频次和关键节点的合作对象仍以高校为主、研究院为辅，如重庆大学、四川大学、四川省电力公司电力科学研究院等单位。以上情况表明，成渝地区双城经济圈在进行基础研究合作时，以知识和技术见长的高校和研究院不仅是关键参与者，同时也是其他参与者合作的主要选择对象，说明知识邻近和技术邻近是其基础研究合作的核心因素。

（三）地理邻近与制度邻近：基础研究合作的推动因素

地理空间的邻近性被认为有利于促进和达成创新主体间的合作创新（Levy 和 Lubell，2018），其原因在于空间的邻近有利于合作主体之间信息传送并且可以提高沟通效率。同时，地理上形成的创新集聚，能有效降低创新主体间的交易成本（刘凤朝和楠丁，2018）。同样，从制度邻近性看，制度环境一致性高有利于创新资源的扩散，进而推动合作创新（贺超城等，2020）。由于知识和技术是主导因素，即合作与否首先考量的是知识与技术的满足性，地理距离和同一国家内微观制度的具体差异所带来的交易成本，并不是主要的考量因素。但不可否认的是，在知识和技术可满足的情况下，地理空间的邻近性会更有利于促进创新主体的合作。同时，在这一情况下，制度的一致性也具有同样的正向促进作用。

成渝地区双城经济圈形成了京津冀、长三角、近邻等三大域外合作圈，前两者是知识和技术主导的结果，而以湖北、湖南、陕西等高校重镇为中心的近邻合作圈的形成，则更多是在知识和技术主导下，地理邻近影响的结果。同时，事实表明制度邻近对成渝区域的优质跨域合作创新有正向促进作用。首先，从全国总体来看，随着国家将城市群发展、区域协调发展和区域间合作等上升为国家战略（如"一带一路"、长江经济带建设等），成渝地区双城经济圈在总体制度趋同发展的刺激下，跨域合作规模逐步扩大。从内部优质跨域合作来看，以成渝经济区（2011 年）和成渝城市群（2016 年）为节点，区域内的制度沟通、制度标准和制度一致性建设逐步加强，如以重庆潼南区和四川广安市为代表的川渝示范区建设，就在战略新兴产业集群建设、科技人才支撑方面进行一致性的制度建设。这一系列制度建设的作用，反映到基础研究合作方面，则表现为从自由探索阶段（2006—2010 年）到深化合作阶段（2016—2019）年，区域内跨域合作创新率从 5.68% 上升到了 9.87%，即在整体合作创新规模扩大的基础上，区域内的跨域合作创新率还提升了 4.19 个百分点，说明制度一致性的建设有效促进了基础研究合作。

（四）跨组织类型融合创新：基础研究合作的孵化模式

优质的合作创新需要高质量和互补异质性的创新资源。因此，在控制地域差异带来的知识、技术异质性影响外，跨组织类型合作能更有效实现优质创新资源的互补和创新成果的孵化。如高校、研究院主要提供知识和技术，企业主要提供资金，政府机构主要提供（购买）服务，在解决创新问题、需求时，通过跨组织合作的方式，将多主体的优质资源进行有效匹配，从而实现创新目标。成渝地区基础研究合作亦表现为此特征。在 1006 项合作获奖项目中，820 项为跨组织类型合作完成的项目。同时，从自由探索阶段（2006—2010 年）、正式合作阶段（2011—2015 年）、深化合作阶段（2016—2019 年）三阶段的变化来看，跨组织类型完成的项目数量分别为 189 项、276 项、355 项，分别占各阶段跨域合作总项目数的 75.3%、81.2%、84.3%。以上数据表明，跨组织类型合作成为成渝地区双城经济圈基础研究合作的主要孵化方式，同时表明创新成果的产出对跨组织类型合作方式的路径依赖性逐步增强。

五、本节小结

本节从科技进步奖合作获奖的视角，研究了“十一五”到“十三五”时期成渝地区双城经济圈基础研究合作网络情况，对合作的基本特征、整体网络演变和核心参与者进行了分析。研究发现：合作成为成渝地区双城经济圈取得科技进步奖成果的主导模式，研究的共享性持续增强，同时形成了以成都和重庆为中心的区域创新自转体系，并持续融入全国基础研究公转体系中；成渝地区双城经济圈的整体合作网络得以持续扩大，整体网络中出现了权力中心和控制中心，并呈现分散性的整体网络结构，同时表现为显著的小世界网络效应；以重庆大学、四川大学、电子科技大学、西南大学为代表的高校，构成了网络中的核心参与主体，扮演着合作网络的权力和控制中心的角色；创新产出与创新突破是成渝地区双城经济圈基础研究合作的目的。在竞争环境的驱动下，成渝地区双城经济圈基础研究合作主要依托跨组织合作的孵化模式，以知识邻近和技术邻近为核心因素，以地理邻近和制度邻近为推动要素，重点围绕知识和技术资源进行交换。

第三章　基础研究发展的技术创新效应

基础研究发展的最直接影响在于面向商业端的技术创新，因此本章的研究任务是探讨中国基础研究发展的技术创新效应。在研发投入层面，研发经费涉及在基础研究、应用研究与试验发展之间的配置，因而本章第一节基于研发经费投入，从动态最优研发结构的视角研究基础研究发展对技术创新的影响。然而，基础研究发展不仅涉及经费投入，还涉及人才培养、平台建设、制度完善等方面。国家重点实验室建设是基础研究经费投入、人才培养、平台建设、制度完善的综合体现，鉴于此，第二节基于国家重点实验室建设的视角进一步研究基础研究发展对技术创新的影响，并聚焦在企业的技术创新。通常基础研究的主体是高校和科研机构，但作为创新体系主体的企业也尝试在基础研究领域展开探索，那么企业从事基础研究活动能否推动其技术创新便值得探讨，本章第三节将就此展开研究。

第一节　动态最优研发结构视角下基础研究发展与技术创新

导致中国科技创新还未实现全面实质性突破的原因是多方面的，其中一个重要的原因可能在于基础研究的薄弱。本节将基于动态最优研发结构的视角深入研究基础研究对技术创新的影响，从基础研究发展的角度探讨提升国家技术创新能力的路径。如图 3-1 所示，中国基础研究经费投入一直保持较快的增长水平，在规模上并不低于世界主要创新国家。截止到 2019 年，中国基础研究经费已达 1336 亿元。然而，从研发结构的视角来看，基础研究经费投入占研发经费投入的比重并未出现明显的上升，长期维持在 5%—6%之间。与世界主要创新国家相比，中国基础研究占研发经费投入比重偏低。美国、英国、日本、瑞士等国家 2015 年基础研究投入占比分别为 17.2%、16.7%、12.5%、38.2%①。由此可见，中国基础研究影响技术创新的关键可能不在于规模上，而在于结构上，但这并不意味着基础研究占比越高越好。在总研发经费的条件约束下，基础研究与应用研究之间存在最优配置的问题，并且基础研究与应用研究之间的最优资源配置随经济发展阶段和技术发展阶段动态变化。因此，本节从动态最优研发结构的视角出发，实证探讨基础研究发展对技术创新的具体影响。

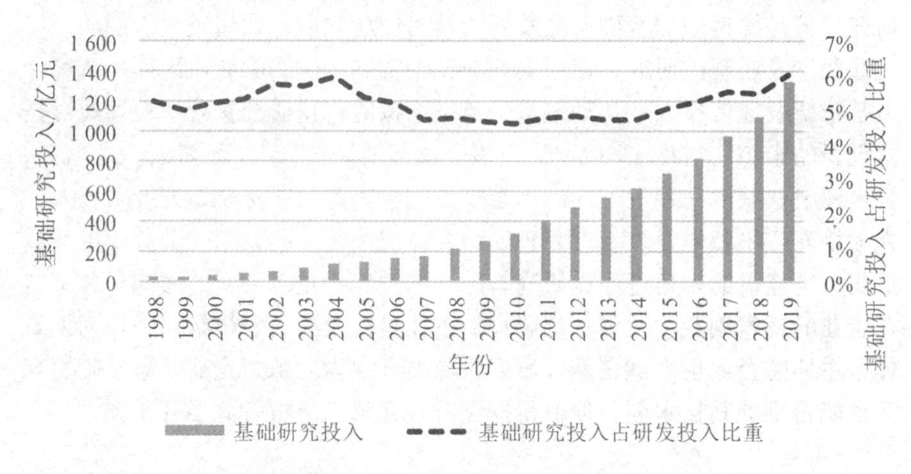

图 3-1 中国基础研究投入及其占研发投入的比重（1998—2019 年）

资料来源：作者根据中国科技统计年鉴、全国科技经费投入统计公报计算绘制。

一、研究假设提出

技术创新是新知识的成功利用，这是从商业化的角度理解技术创新，也是国内外学者对技术创新内涵的基本认识（杨幽红，2018）。技术创新所利用的新知识来源于研发活动。研发活动可区分为基础研究和应用研究，其中基础研究是为了获得关于现象和可观察事实的基本原理的新知识，是技术创新的源头。如果能充分利用和转化基础研究产生的新知识，可以带来显著的技术创新，相关的实证研究也基本支持了这一论断。虽然基础研究发展对技术创新具有促进效应，但这并不意味着一味提高基础研究投入，

① 数据来源于 2016—2018 年的中国科技统计年鉴。

只进行基础研究，就能实现技术创新能力的提升。基础研究产生的新知识需要经过应用研究的利用和转化，才能产生高质量的技术创新，因此研发经费投入过程中就需要考虑经费如何在基础研究与应用研究之间进行最优配置，促进基础研究与应用研究的融合发展，以最大程度提升技术创新能力。Prettner 和 Werner（2016）、黄苹（2013）的研究也认为，研发投入中存在一个最优基础研究占比，以实现经济增长和福利的最大化。如果基础研究与应用研究之间的经费配比低于最优配比，说明研发体系中偏重应用研究，但此时基础研究薄弱，应用研究将失去根基，进而导致基础研究的技术创新促进效应产生边际递减现象。在这种情况下，需要强化基础研究，推动理论创新和原始创新，实现基础研究与应用研究的融合发展，才能进一步推动技术创新。Henard 和 McFadyen（2005）的研究也表明，基础研究水平越高，应用研究的投资回报率越高。如果基础研究与应用研究之间的经费配比高于最优配比，说明研发体系中偏重基础研究，应用研究薄弱。在这种情况下，虽然强大的基础研究产生了更多的新知识，但应用研究的薄弱会导致这些新知识难以商业化，进而限制了技术创新，此时就需要适当降低基础研究比重，推动应用研究发展。因此，在最优研发结构视角下，基础研究的技术创新促进效应存在一个最优状态，具体表现为研发经费投入中基础研究与应用研究存在一个最优配比，由此得到如下假设。

假设 1：在最优研发结构视角下，基础研究发展与技术创新之间存在倒 U 型关系，基础研究与应用研究的融合发展对技术创新具有促进效应。

格斯巴赫（Gersbach）等（2013）、Akcigit 等（2016）、孙早和许薛璐（2017）等学者发现，在经济发展和技术变迁的过程中，经济发展水平和技术水平越高，越需要持续加大基础研究投入，方能实现经济的持续创新增长。虽然他们研究的对象是基础研究的绝对水平，但这些研究说明了经济发展水平在研发和创新过程中发挥着重要的作用，因此我们在动态最优研发结构视角下，将经济发展水平纳入基础研究发展与技术创新的分析之中。在经济发展水平高的地区，其已经经历了跟踪、模仿、引进的创新阶段，建立起了较为完善的技术商业化体系，创新水平也达到了较高的阶段。这些地区在大多数创新领域已无可模仿的对象，这就需要转向自主创新模式，产生更多高质量的创新成果，为此需要同步提高研发投入中的基础研究占比，方能支撑得起经济发达地区的高质量创新需求。在经济欠发达地区，创新模式还处于跟踪、模仿、引进的阶段。在这个阶段，需要加强应用研究来消化吸收前沿技术知识，适当降低研发投入中的基础研究占比。上述分析表明，经济发展水平越高，为了实现更高质量的技术创新，研发投入中基础研究的占比越需要进一步提升。对于不同经济发展阶段的地区，研发投入中的实际基础研究占比如果偏离其发展阶段所要求的最优基础研究占比的幅度较大，则会拖累技术创新。普里格（Prieger）等（2016）在研究创业与经济增长的过程中也发现，在经济增长过程中，存在一个最优创业率，任何偏离最优创业率的实际创业率都会带来增长损失，而且偏离幅度越大，增长损失程度越大。综上所述，我们可以得到本节的第二个研究假设。

假设 2：在动态最优研发结构视角下，随着经济发展水平的提高，为实现最大程度的技术创新促进效应，研发投入中所要求的最优基础研究占比也会相应提高，实际基础研究占比偏离最优基础研究占比的幅度越大，带来的技术创新损失程度越高。

二、研究设计

（一）实证模型设定

本节拟利用省级层面的数据实证检验基础研究发展对技术创新的影响，判断基础研究发展与技术创新是否存在倒 U 型关系。唐保庆等（2018）的研究探讨了中国知识产权保护实际强度与最适强度偏离度所带来的服务业增长的区域失衡效应。为明确知识产权保护促进服务业增长的最适强度，他们在实证模型中加入了知识产权保护的平方项。因此，本节借鉴他们的研究思路，构建了如公式（3-1）所示的实证模型，以在最优研发结构视角下检验基础研究发展与技术创新间的关系。

$$Innovation_{it} = \beta_0 + \beta_1 IBR_{it} + \beta_2 IBR_{it}^2 + \omega Ctr_{it} + \gamma_t + \mu_i + \varepsilon_{it} \qquad (3\text{-}1)$$

在公式（3-1）中，i、t 分别代表省份和年份；Innovation 为实证模型的被解释变量，表示技术创新；IBR 为本节关注的核心解释变量，表示基础研究发展程度；IBR^2 为 IBR 的平方项，用来探讨基础研究发展与技术创新之间是否存在倒 U 型关系；Ctr 表示实证模型的控制变量，用来缓解遗漏重要解释变量所带来的内生性问题；γ、μ、ε分别表示年份固定效应、省份固定效应和随机误差项。根据二次函数的性质，如果估计系数β_2显著为负，则表明基础研究发展与技术创新之间存在倒 U 型关系。

（二）变量测度

1. 技术创新

对于发展中国家而言，创新演进仍主要处于引进、模仿和吸收阶段，专利是衡量创新活动的理想指标（王金杰等，2018），也代表了一个地区的创新产出，因此本节拟使用专利受理数构建衡量中国各省份技术创新的指标。未使用申请数和授权数的原因在于，一方面地方政府常根据专利申请数来实施科技奖励，这会导致一定程度的虚假申请和不合格申请（张杰等，2016），另一方面专利授权存在一定的时滞性，不能及时反映当时的创新活动，相比之下，受理的专利剔除了部分虚假和不合格的申请，也较为及时反映了当时的创新活动，是一个考察创新活动的理想指标。相对于实用新型专利和外观专利，发明专利技术复杂度更高，更能提高企业的市场价值，因此现有文献主要使用发明专利衡量技术创新。创新是一个循序渐进的累计过程，因此本节在考察创新行为时使用的是存量指标，而非流量指标，同时参考金培振等（2019）的研究，使用累计发明专利受理数占累计专利受理数的比重来衡量技术创新。

2. 基础研究发展

本节利用基础研究经费存量占研发经费存量的比重衡量基础研究发展程度。借鉴李蕾蕾等（2018）的研究，采用永续盘存法计算中国各省份1998—2019 年 20 年的基础研究经费存量和研发经费存量。基础研究经费存量的计算方法如公式（3-2）所示。

$$IBR_{it}=(1-\delta)IBR_{it-1}+BR_{it} \tag{3-2}$$

在公式（3-2）中，i、t 分别代表省份和年份；IBR 为基础研究经费存量；BR 为当年的基础研究经费支出；δ 为基础研究经费存量的折旧率，选用 15%（李蕾蕾等，2018）。计算基础研究经费存量，还需要知道基年的基础研究经费存量，本文基年（1998 年）基础研究经费存量的计算如公式（3-3）所示。

$$IBR_{i1998}=\frac{BR_{i1998}}{(g_i+\delta)} \tag{3-3}$$

在公式（3-3）中，g 表示 i 省 1998—2019 年基础研究经费支出的平均增长率。此外，研发经费存量的计算方式与基础研究经费存量的计算方式一致。关于研发经费折旧率的设定，本节参考 Hu 等（2005）、吴延兵（2006）等学者的研究，研发经费存量的折旧率仍然设定为 15%。

余泳泽（2015）也测算了中国的研发经费存量和基础研究经费存量，但他的测算方法与本节的测算方法有一定的差异性。为说明本节基础研究发展度量的可信度，我们将本节的测算数据与余泳泽（2015）的测算数据进行对比。由于余泳泽（2015）最新测算到 2013 年，因此我们以 2013 年的数据计算中国各省份研发经费存量中基础研究的占比，具体计算结果如表 3-1 所示。由表可知，基于本节数据和余泳泽（2015）数据测算的研发经费存量中基础研究占比的数值是基本一致的，这说明本节测算的各省份基础研究发展程度是可信的，可用于本节的实证研究。

表 3-1　中国各省份研发经费存量中基础研究的占比（2013 年）

单位%

省份	基于本节数据的计算结果	基于余泳泽（2015）数据的计算结果	省份	基于本节数据的计算结果	基于余泳泽（2015）数据的计算结果
北京	11.12	11.4	湖北	4.70	4.80
天津	3.13	4.31	湖南	3.72	3.84
河北	3.10	3.19	广东	2.38	2.53
山西	3.36	3.47	广西	5.59	5.63
内蒙古	2.60	2.70	海南	15.61	15.27
辽宁	3.23	3.32	重庆	5.24	5.25
吉林	9.38	9.59	四川	6.67	6.70
黑龙江	9.93	9.80	贵州	8.98	9.13
上海	6.77	6.91	云南	10.96	10.93
江苏	2.65	2.79	西藏	13.26	—
浙江	2.21	2.47	陕西	4.84	4.88
安徽	7.20	7.27	甘肃	14.02	14.11
福建	2.06	2.23	青海	9.90	9.86
江西	2.76	2.88	宁夏	7.40	7.57
山东	2.12	2.24	新疆	6.65	6.50
河南	1.98	2.10			

资料来源：根据本节的测算数据和余泳泽（2015）的测算数据计算。

注：不包含港澳台地区数据。

3. 控制变量

参考金培振等（2019）对控制变量的选取，实证模型中控制了各省的人均地区生产总值、人口密度、金融发展与人均高校数量。人均地区生产总值（PGDP）在实证研究中取自然对数。人口密度（PD）为每平方公里的常住人口数量，在实证研究中取自然对数。金融发展（Finance）用金融业增加值占地区生产总值的比重来衡量。人均高校数量（University）为每万人拥有的高等学校数量。

（三）数据来源

本节研究的时间范围为1998—2019年，数据来源于三个方面：第一，各省1998—2016年的专利数据来源于国泰安数据库，2017—2019年的数据来自国家统计局的国家数据网站；第二，基础研究经费支出、总研发经费支出来源于中国科技统计年鉴；第三，控制变量所需要的数据来自国家数据网站。基于变量测度和数据来源的说明，表3-2汇报了研究变量的描述性统计特征。由表3-2可知，在研究样本期，累计发明专利受理数占累计专利受理数比重的均值为25.05%，基础研究经费存量占研究经费存量比重的均值为6.08%。从最大值和最小值来看，中国省域的技术创新和基础研究发展存在显著的差异性。

表3-2 研究变量的描述性统计

变量	变量含义	均值	标准差	最小值	最大值
Innovation	创新质量	0.2505	0.0857	0.0756	0.5949
IBR	基础研究发展	0.0608	0.0441	0.0118	0.3053
PGDP	人均地区生产总值	9.9534	0.8993	7.7681	12.0111
PD	人口密度	5.2662	1.4779	0.6961	8.2569
Finance	金融发展	0.0534	0.0300	0.0068	0.1846
University	人均高校数量	0.0176	0.0084	0.0049	0.0516

资料来源：作者自制。

三、实证结果与分析

（一）描述性分析

为探讨基础研究发展与技术创新之间的关系，笔者绘制了1998—2019年中国各省份基础研究经费存量占比与累计发明专利受理数占比的散点图（见图3-2）。由图3-2可知，基础研究发展与技术创新之间并不是简单的线性关系，而是存在非线性关系。随着基础研究经费存量占比的提升，累计发明专利受理数占比呈现先上升后下降的趋势，这意味着基础研究经费存量占比并非越高越好，而是存在一个最优比重。图 3-2 初步显示基础研究发展与技术创新之间存在倒 U 型的关系，本节接下来将对这一关系进行实证检验。

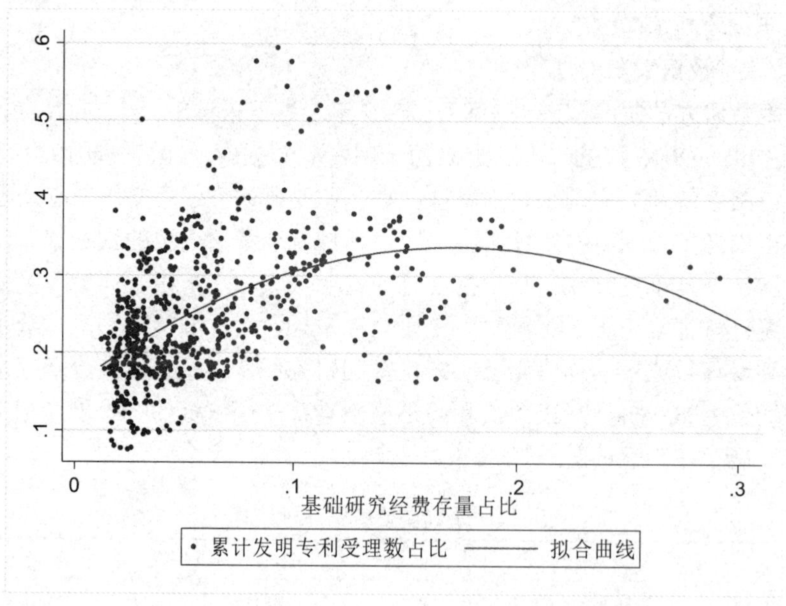

图 3-2　基础研究发展与技术创新的散点图

资料来源：作者自制。

（二）最优研发结构视角下基础研究发展对技术创新的影响

1. 倒 U 型关系的检验

本节采用普通最小二乘法（OLS）对公式（3-1）进行估计，以探讨基础研究发展与技术创新之间的关系，估计结果如表 3-3 所示。第（1）列未加入任何控制变量，第（2）列仅控制了年份固定效应，第（3）列则仅控制了省份固定效应，第（4）列同时控制了年份固定效应和省份固定效应，第（5）列在第（4）列的基础上加入了控制变量。在不断加入控制变量的过程中，IBR 的估计系数均显著为正，IBR^2 的估计系数均显著为负，表明基础研究发展与技术创新存在显著的倒 U 型关系，随着研发经费存量中基础研究占比的提升，累计受理专利中发明专利的占比呈现先上升后下降的趋势。鉴于第（5）列加入了各类型的控制变量，IBR、IBR^2 的估计系数趋于稳定，因此根据第（5）的估计结果计算中国省级研发经费存量中的最优基础研究比重。经计算，最优基础研究比重为9.35%[①]，也就是说研发经费存量中基础研究占比达到 9.35%，基础研究对技术创新的促进作用最大。截止到2019年，中国各省研发经费存量中基础研究占比的均值为7.76%，还低于 9.35%这一最优基础研究比重，这表明在当前的经济发展阶段，中国还需要进一步提升研发经费存量中的基础研究占比。

2. 基础研究与应用研究融合发展对技术创新的影响

表3-3第（1）列至第（5）列的回归结果说明，为推动中国技术创新能力的提升，研发经费存量中存在一个最优基础研究比重，这里隐含的一个推论是，在最优基础研究占比处，基础研究与应用研究处于一个最优的融合状态，基础研究与应用研究的融合发展能够推动技术创新。因此，本部分将进一步探讨基础研究与应用研究融合发展对技术创新的影响。我们利用基础研究经费存量占地区生产总值比重（BRS_GDP）与应用研究经费存量占地区生产总值比重（ARS_GDP）的交互项来考察基础研究与应用研究的融合发展情况。在本节中，应用研究经费存量由研发经费存量减去基础研究经费存量得到。表3-3的第（6）列汇报了相应的实证研究结果。回归结果显示，BRS_GDP*ARS_GDP的估计系数在1%的显著性水平上为正，这表明基础研究和应用研究发展水平的提升都能增强对方对技术创新的促进效应。表3-3的回归结果说明了本节的研究假设1是成立的，即基础研究发展与技术创新之间存在倒U型关系，基础研究与应用研究的融合发展对技术创新具有促进效应。

表3-3　基础研究发展对技术创新影响的回归结果

自变量	（1）	（2）	（3）	（4）	（5）	（6）
IBR	2.0646***	2.2627***	1.8800***	0.5112**	0.4813*	
	（0.1751）	（0.3347）	（0.1431）	（0.2354）	（0.2471）	
IBR^2	-5.9643***	-6.0936***	-6.0451***	-2.5650***	-2.5744***	
	（0.6995）	（0.9782）	（0.5597）	（0.7027）	（0.7477）	

① 设二次函数为 $y=ax^2+bx+c$，当 $x=-\frac{b}{2a}$ 时，y取最大值。根据这一计算公式可得到，当IBR为0.0935时，累计受理专利中发明专利占比最大。由于实证研究中IBR不是百分数，故转化为百分数，最优基础研究比重为9.35%。

续表

自变量	（1）	（2）	（3）	（4）	（5）	（6）
BRS_GDP* ARS_GDP						33.9744*** （8.0309）
控制变量	否	否	否	否	控制	控制
年份固定效应	否	控制	否	控制	控制	控制
省份固定效应	否	否	控制	控制	控制	控制
拟合优度	0.2471	0.4816	0.5305	0.7878	0.7914	0.7946
样本量	682	682	682	682	682	682

注：***、**、*分别代表在 1%、5%和 10%的水平上显著；括号内为估计系数的稳健标准差。

（三）动态最优研发结构视角下基础研究发展对技术创新的影响

1. 经济发展水平、最优基础研究占比与技术创新

在证实存在最优基础研究占比的基础上，本节将进一步探讨经济发展水平、最优基础研究占比与技术创新之间的关系。Gersbach 等（2013）、Akcigit 等（2016）、孙早和许薛璐（2017）等学者的研究发现，基础研究与应用研究的经济效应会根据经济发展阶段或技术水平动态调整，因此可以推断在动态最优研发结构视角下，基础研究发展对技术创新的影响也会随经济发展阶段的变迁而动态调整。为检验这一推断，本节进一步在公式（3-1）的基础上加入了基础研究发展平方与人均地区生产总值的交互项（IBR^2* Ln（PGDP）），相应的估计结果如表 3-4 的第（1）列所示。

在第（1）列中，IBR 的估计系数显著为正，IBR^2 的估计系数显著为负，IBR^2* Ln（PGDP）的估计系数显著为正，这表明随着经济发展水平的提升，最优基础研究占比需要进一步提高才能产生最大的技术创新促进效应[①]。究其原因，当一个地区的经济发展水平不断提升时，已经难以利用模仿创新来驱动经济增长，这时就需要强大基础研究的支撑，以实现创新模式由模仿创新转变为自主创新、前沿创新（孙早和许薛璐，2017）。进一

---

① 根据表 3-4 第（1）列的估计结果，由二次函数的特征可知，当 $IBR=\frac{0.6318}{20.3598-1.3682Ln(PGDP)}$ 时，累计受理专利中发明专利占比取最大值。在 Ln（PGDP）的取值范围内（$Ln(PGDP)\in[7.7681,12.0111]$），IBR 是 Ln（PGDP）的单调增函数，因此可以得到，随着 Ln（PGDP）的增加，最优 IBR 将逐渐上升。

步，中国东部地区经济发展水平高于中西部地区，可以推测东部地区最优基础研究占比也要高于中西部地区。表 3-4 的第（2）列和第（3）列分别汇报了东部和中西部基础研究发展对技术创新影响的回归分析结果，根据结果，进而可测算出东部地区和中西部地区的最优基础研究占比。回归结果显示，无论在东部地区，还是在中西部地区，基础研究发展与技术创新之间的倒 U 型关系均是存在的。经计算，东部地区的最优基础研究占比为 15.87%，中西部地区的最优基础研究占比为 9.67%，再一次说明随着经济发展水平的提升，为加快推动经济的创新增长，需要更大力度的基础研究投入。

表 3-4　经济发展水平、最优基础研究占比与技术创新的回归结果

自变量	（1）	（2） 东部	（3） 中西部
IBR	0.6318*** （0.2403）	1.6331*** （0.4340）	0.5124* （0.2899）
IBR^2	−10.1799*** （3.2661）	−5.1445*** （1.7068）	−2.6506*** （0.8580）
IBR^2* Ln（PGDP）	0.6840** （0.2966）		
控制变量	控制	控制	控制
年份固定效应	控制	控制	控制
省份固定效应	控制	控制	控制
拟合优度	0.7930	0.9314	0.6709
样本量	682	242	440

注：***、**、*分别代表在 1%、5%和 10%的水平上显著；括号内为估计系数的稳健标准差。

2. 实际基础研究占比偏离最优基础研究占比的技术创新损失

研发经费中基础研究占比与累计专利受理数中发明专利占比存在倒 U 型关系的结论表明，任何偏离最优基础研究占比的实际基础研究占比都会导致技术创新的损失，因此本部分将进一步检验实际基础研究占比偏离最优基础研究占比会不会拖累技术创新。各省份实际基础研究占比与最优基础研究占比的偏离度可由公式（3-4）得到。

$$Deviatation_{tij} = \left| IBR_{tij} - IBR_j^* \right| \tag{3-4}$$

在公式（3-4）中，t、i、j 分别表示年份、省份、区域（东、中西部地区）；Deviatation 表示实际基础研究占比与最优基础研究占比的偏离度；IBR 表示 j 区域 i 省 t 年的实际基础研究占比；IBR^*为 j 区域的最优基础研究占比。事实上，i 省偏离度的计算应由该省实际基础研究占比与该省最优基础研究占比之差的绝对值得到，但由于研究数据的限制，我们无法计算出每个省的最优基础研究占比，因此参考唐保庆等（2018）的研究，利用该省所在区域的最优基础占比代替该省的最优基础研究占比。未使用全国层面最优基础研究占比代替的原因在于，表 3-4 的回归结果说明在不同的发展阶段最优基础研究占比会动态变化，使用全国层面的最优基础研究占比代替会使得计算结果存在较大的误差。

在测度偏离度的基础上，表 3-5 分东、中西部地区样本研究了实际基础研究占比与最优基础研究的偏离对技术创新的影响。由表 3-5 可知，在东、中西部地区，偏离度（Deviatation）的估计系数均显著为负，这表明任何偏离最优基础研究占比的实际基础研究占比都会带来技术创新的损失。从技术创新损失程度来看，东部的损失程度比中西部地区大。为实现最高的技术创新，东部地区需要的最优基础研究占比为 15.87%，但 2019 年东部地区实际基础研究占比为 6.4%，两者相差了 9.47 个百分点。相比之下，中西部地区 2019 年实际基础研究占比为 8.51%，与其最优基础研究占比（9.67%）仅相差 1.16 个百分点。因此，东部地区的创新损失程度更为明显。表 3-4 和表 3-5 的回归结果证实了本节提出的第二个研究假设，即随着经济发展水平的提高，为实现最大程度的技术创新促进效应，研发投入中所要求的最优基础研究占比也会相应提高，实际基础研究占比偏离最优基础研究占比的幅度越大，带来的技术创新损失程度越高。

表 3-5　实际基础研究占比与最优基础研究占比的偏离影响技术创新的回归结果

自变量	（1）东部	（2）中西部
Deviatation	-0.8304***	-0.6140***
	（0.1813）	（0.1257）
控制变量	控制	控制
年份固定效应	控制	控制
省份固定效应	控制	控制
拟合优度	0.9316	0.6811
样本量	242	440

注：***代表在 1%的水平上显著；括号内为估计系数的稳健标准差。

四、本节小结

本节利用 1998—2019 年中国省级层面的数据，从动态最优研发结构的视角实证检验了基础研究发展对技术创新的影响，进而得到以下研究结论。第一，基础研究发展与技术创新之间存在倒 U 型关系，表现为随着研发经费存量中基础研究占比的提升，累计受理专利中发明专利占比将先上升后下降。当基础研究占比为 9.35%时，累计受理专利中发明专利占比将达到最大值。第二，基础研究与应用研究的融合发展能够带来技术创新能力的显著提升。第三，随着经济发展水平的提升，最优基础研究占比需要进一步提高才能产生最大的技术创新促进效应。东部地区所要求的最优基础研究占比为 15.87%，中西部地区所要求的最优基础研究占比为 9.67%。任何偏离最优基础研究占比的实际基础研究占比都会带来技术创新的损失。相对于中西部地区，东部实际基础研究占比与最优基础研究占比偏离程度更大，因而创新损失程度也更大。

第二节　国家重点实验室建设视角下基础研究发展与企业技术创新

评估基础研究发展的经济效应对于基础研究政策的调整和优化具有重要的参考价值，本节从企业技术创新的角度展开这一主题的研究。企业是技术创新的主体，提升企业技术创新能力是加快转变经济发展方式、保持中国经济持续健康发展的必然选择。虽然在部分技术领域中国企业已经接近世界前沿，甚至引领世界前沿，但在大多数关键核心技术上中国企业同国际先进水平差距仍较为悬殊，创新能力不够强。中国高新技术企业频频被美国等发达国家在关键核心技术上“卡脖子”便是明证。已有文献强调基础研究是中国企业核心技术创新的源泉（柳卸林和何郁冰，2011；眭纪刚等，2013），因此本节将利用中国城市层面的数据实证研究基础研究发展对企业技术创新的影响，这对于探讨如何推动中国基础研究的发展和提升企业技术创新能力具有双重重要的参考价值。

现有基础研究经济效应评估的文献主要使用基础研究经费投入来度量基础研究的发展水平。但基础研究的发展涉及研发人员投入、经费投入、平台建设、制度完善等多个方面，单靠经费投入单一维度可能难以准确衡量国家或地区的基础研究发展水平。此外，具体到中国情境下的研究，学者们基本是从省级层面实证检验基础研究经费投入对经济增长、生产率等的影响，缺乏更为微观层面的考察。鉴于上述原因，本节利用中国每个城市国家重点实验室的建设情况从城市层面来深入研究基础研究发展对企业技术创新的影响。本节采用国家重点实验室建设来度量基础研究发展的优势在于，国家重点实验室是组织高水平基础研究和应用基础研究[①]、聚集和培养优秀科学家、开展高层次学术交流的重要基地，是基础研究平台建设、制度改革、人才培养创新、经费投入等的重要载体（易高峰，2009），能够较为全面地衡量一个地区的基础研究发展水平。2020 年 1 月科技部等五部门印发的《加强“从 0 到 1”基础研究工作方案》也明确指出，要强化国家重点实验室的原始创新能力。

一、国家重点实验室建设背景与研究假设提出

（一）国家重点实验室建设背景

国家重点实验室是依托一级法人单位建设、具有相对独立的人事权和财务权的科研实体。在改革开放初期，针对当时国家基础研究实力薄弱的问题，1984 年由原国家计委牵头实施了国家重点实验室建设计划。1998 年国务院机构改革后，国家重点实验室建设和运行职能统一由科技部管理（易高峰，2009）。2003 年，为提升地方基础研究水平，科技部围绕区域经济社会发展需求，与地方开始建设一批具有区域特色应用基础研究的省部共建国家重点实验室培育基地。2006 年，为加强国家技术创新体系建设，依托企业和转制院所开始建设企业国家重点实验室。2008 年中央财政设立了国家（重点）实验室专项经费，国家重点实验室迎来新的战略机遇期（卞松保等，2011）。2018 年科技部、财政部联合发布《关于加强国家重点实验室建设发展的若干意见》，以进一步完善国家重点实验室发展体系。经过这一系列的建设历程，中国已形成学科国家重点实验室、省部共建国家重

① 应用基础研究指应用研究中的理论性研究，是方向已经较为明确，利用其成果能在短期内取得工业技术突破，其本质属于应用研究。本文为与国家提法统一，在涉及国家重点实验室表述时用“应用基础研究”这一说法，而在一般陈述中用“应用研究”这一说法。

点实验室、企业国家重点实验室三位一体的国家重点实验室体系，成为国家创新体系的重要组成部分、中国基础研究和应用基础研究的核心基地，为国家原始创新能力的持续增长提供了有力保障（卞松保等，2011）。

根据科技部国家重点实验室年度报告的数据显示，截止到2016年底，中国共有国家重点实验室452家，其中学科国家重点实验室254家，占比56.19%，企业国家重点实验室177家，占比39.16%，省部共建国家重点实验室21家，占比4.65%。这些国家重点实验室分布在地球科学、医学科学、数理科学、信息科学、材料科学、化学科学等广泛的基础研究和应用基础研究领域，共同支撑起了中国基础研究的体系化协同化发展。如表3-6所示，学科国家重点实验室承担或参与的项目获得国家级奖励占据了半壁江山，如果加上企业国家重点实验室和省部共建国家重点实验室的获奖，比重还会进一步提升。国家自然科学奖一等奖作为代表中国最高基础研究水平的一个奖项，2016年核探测与核电子学国家重点实验室完成的“大亚湾反应堆中微子实验发现的中微子振荡新模式”获得唯一的1项国家自然科学奖一等奖。数据表明，国家重点实验室是中国基础研究的中坚力量，并代表了中国基础研究的高水平发展。

表3-6　学科国家重点实验室获得国家级奖励情况（2016年）

类别	国家自然科学奖		国家技术发明奖	国家科学技术进步奖			
	一等奖	二等奖	二等奖	特等奖	一等奖	创新团队奖	二等奖
实验室获奖数（项）	1	26	23	1	5	2	51
实验室获奖数占总授奖数比重（%）	100	63.41	48.94	100	62.50	66.67	42.50

资料来源：科技部《2016国家重点实验室年度报告》。

由于本节从城市层面利用国家重点实验室建设来探讨基础研究发展对企业技术创新的影响，因此我们可进一步分析国家重点实验室建设的城市分布情况。如图3-3所示，2001—2016年间国家重点实验室的建设呈现出阶段性的特征。2001—2004年间，拥有国家重点实验室的城市比重一直为7.1%；2005—2011年间，拥有国家重点实验室的城市比重从7.7%持续上升到 15.4%；2012—2014 年间，国家没有新增国家重点实验室；2015—2016 年，国家加速布局国家重点实验室，拥有国家重点实验的城市比重分别为 21.9%和 23.4%。由此可见，中国 452 家国家重点实验室主要向 79 个城市布局，聚集趋势较为明显。从三类国家重点实验室的情况来看，学科国家重点实验室的布局较为缓慢；企业国家重点实验室在 2015—2016 年的城市布局加快，2016 年 18.6%的城市拥有企业国家重点实验室；2007—2010 年间，国家加速省部共建实验室的布局，拥有省部共建国家重点实验室的城市比重从 1.8%上升到 11.5%，而后并未新增省部共建国家重点实验室。

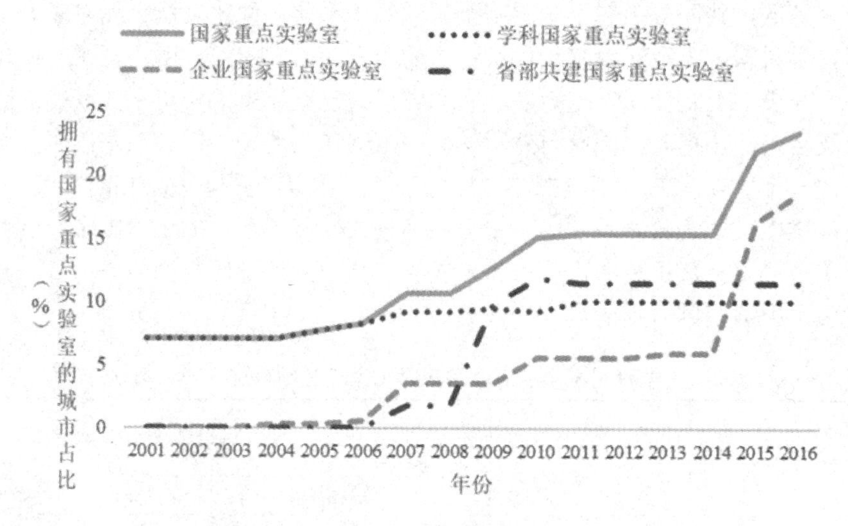

图 3-3　拥有国家重点实验室的城市占比（2001—2016 年）

资料来源：作者自制。

（二）研究假设提出

基础研究是一项增进人类对物质世界一般性认知的基本研究活动，其没有具体的商业目的（Nelson，1959）。技术创新指生产技术的创新，包括开发新技术，或者将已有的技术进行应用创新，具有明确的商业目的，是企业竞争优势的重要来源。基础研究活动将扩充人类知识库，进而驱动企业的技术创新活动（Klevorick 等，1995）。一个著名的例子是，基于半导体材料的基础研究，1948 年贝尔实验室开发了晶体管。技术创新水平与研发要素的区域聚集密切相关，因为研发要素的区域聚集能够形成“公共知识池”，进而产生显著的知识溢出效应（王春杨和孟卫东，2019）。布扎德

（Buzard）等（2020）的研究表明，R&D 实验室具有明显的地理聚集效应，进而产生本地化的知识溢出效应。因此，可以推断，国家重点实验室作为基础研究和应用基础研究的重要基地，将会对企业技术创新产生重要的影响，其中最主要的机制在于知识溢出机制。国家重点实验室运行机制的基本原则是“开放、流动、联合、竞争”，也由此可见国家希望通过国家重点实验室的开放式创新来推动国家整体创新水平的提升。一方面，国家重点实验室承担着培养基础研究人才的重要职能，其中有部分人才会流动到企业，这种基础研究人才向企业的流动，会增强基础研究成果与企业创新需求之间的交流与碰撞，进而促进企业技术创新水平的提升（Davis 和 Dingel，2019）。另一方面，国家重点实验室极为强调与各类创新主体的国内外交流合作（杨芳娟等，2019），这不仅可以加快基础研究成果的分享，扩充“公共知识池”，而且能够解决企业创新资源短缺的问题，进而有助于提升企业的技术创新能力。基于上述分析，可以引出本节的第一个研究假设。

假设 1：国家重点实验室将通过基础研究的知识溢出机制促进企业技术创新能力的提升。

中国的国家重点实验室分为学科国家重点实验室、省部共建国家重点实验室、企业国家重点实验室三类，不同类型实验室承担的使命和目标是不一致的。学科国家重点实验室以提升原始创新能力为目标，重点开展基础研究；省部共建国家重点实验室以提升区域创新能力和地方基础研究能力为目标，主要开展具有区域特色的应用基础研究；企业国家重点实验室以提升企业自主创新能力和核心竞争力为目标，围绕产业发展共性关键问题，主要开展应用基础研究等。已有研究表明，基础研究由于追求的是一般性的原理和知识，通常不产生直接的经济效应，需要与应用研究实现深度融合，方能产生良好的经济效应（Henard 和 Mcfadyen，2005）。特别地，企业国家重点实验室的设立能够激发企业参与应用基础研究的积极性，不断提升其技术吸收能力，并通过发展某些技能、方法和专业网络来利用外部科学，促进其技术创新能力的显著提升（Pavitt，1991；Martínez-Senra 等，2015）。我们可以推断，与承担纯基础研究功能的学科国家重点实验室相比，承担应用基础研究的省部共建与企业国家重点实验室对企业技术创新的推动作用更为明显。进一步，研究表明，基础研究与应用研究之间存在一个最优的研发结构（Prettner 和 Werner，2016；黄苹，2013），这也就是说，过度的基础研究或过度的应用研究都会拖累经济增长，本章第一节的实证检验结果也得到了肯定性的支持。如果将基础研究到应用研究看成一个研究图谱，那么，学科国家重点实验室在图谱的左端，企业国家重点实验室在图谱的右端，省部共建国家重点实验室在图谱的中间。因此，省部共建国家重点实验室更为接近理论上的最优研发结构，从而对企业技术创新的推动作用最大。基于上述分析，可以得到本节的第二个研究假设。

假设 2：省部共建国家重点实验室、企业国家重点实验室、学科国家重点实验室对企业技术创新的推动作用依次递减。

基础研究的发展还是一项制度性的活动，基础研究向应用研究的转化受到市场环境深刻的影响（金杰等，2018）。基础研究是一项高风险高成本的活动，其对资金投入的需求比较大。基础研究经费除了来自政府科技财政投入，也有相当一部分来自社会资本的补充，而社会资本的介入受到地区金融市场的影响。金融市场的发展能够丰富融资渠道的多样性，缓解融资约束，激励社会资本介入基础研究活动（金杰等，2018；Song 等，2018）。进一步，基础研究具有极强的外部性，社会资本是否有动力介入基础研究领域还受到知识产权保护的影响。如果知识产权保护制度能够保护社会资本从事基础研究所获得的经济利润，社会资本将有动力从事基础研究活动。由于国家重点实验室的一部分研发经费来自企业的资助，因此国家重点实验室与企业技术创新之间的关系就会受到地区市场环境的影响。此外，如果一个地区拥有良好的制度环境确保产学研合作的深度开展，这就有利于加强国家重点实验室与企业之间的开放合作，实现基础研究与应用研究的深度融合，进而提升企业技术创新能力（Henard 和 Mcfadyen，2005）。产学研合作过程中，如果企业具有很强的吸收能力，更有可能将国家重点实验室的基础研究成果产业化，实现技术创新能力的提升（Martínez-Senra 等，2015）。中国西中东部地区的市场和制度环境是逐渐变好的（王小鲁等，2017），同时东部地区企业的吸收能力也要强于中西部地区，因此我们可以推断在不同的地区国家重点实验室建设对企业技术创新的影响不同，从而可以得到本节的第三个研究假设。

假设 3：东中西部国家重点实验室建设对企业技术创新的正向影响逐渐减弱。

二、研究设计

（一）实证模型设定与变量说明

本节拟利用城市层面的数据从国家重点实验室建设的角度探讨基础研究发展对企业技术创新的影响。王文和孙早（2016）使用省级面板数据研究了基础研究对全要素生产率的影响，与本节的实证思路相似，因此借鉴他们的研究，构建如公式（3-5）所示的计量模型，以展开本节的实证研究。

$$Innovation_{it}=\alpha_0+\alpha_1 Lab_{it}+\beta Ctr_{it}+\eta_i+\upsilon_t+\varepsilon_{it} \tag{3-5}$$

其中，i 代表城市，t 代表年份，ε为随机误差项，其余变量的详细说明如下。

Innovation 是本节的被解释变量，代表企业的技术创新能力。城市层面企业技术创新能力的指标来源于寇宗来和刘学悦（2017）的研究。采用他们的指数的原因在于，该研究基于企业的发明专利，通过专利更新模型计算了专利的价值，进而将每个专利的价值加总到城市层面，得到城市创新指数。由于企业创新形式的多样性，他们还通过新成立企业数据计算了城市创业指数。将创新指数与创业指数结合起来便得到了衡量一个城市企业技术创新能力的城市创新力指数。由此可见，寇宗来和刘学悦（2017）构造的城市创新力指数不仅反映了城市企业技术创新的活力，更反映了企业技术创新的质量和价值。波普（Popp，2017）、蔡勇峰等（2019）也使用了专利价值来衡量技术创新能力，只不过他们利用的是专利引文数量来度量专利价值，相比之下，本节的代理变量更为全面和准确。

Lab 是我们关注的核心解释变量，表示城市的基础研究发展水平。与现有的研究不同，本节不再利用研发经费投入来度量基础研究发展水平，这主要是因为基础研究的发展涉及制度、平台、人员、经费等多方面内容的建设，单靠研发经费投入难以准确衡量基础研究的发展水平。由于国家重点实验室是中国实施基础研究和应用基础研究的重要载体，是基础研究多方面建设的综合体现，因此本节利用一个城市所拥有的国家重点实验室数量来度量该城市的基础研究发展水平。一般国家不会在一个城市布局同一个基础研究领域的多个国家重点实验室，因此城市的一个国家重点实验室就代表了一类基础研究领域。国家重点实验室的数量不仅代表了城市基础研究的规模和水平，也代表了高水平基础研究的多样性。国家重点实验室数量越多，说明城市基础研究发展水平越高。

Ctr 代表控制变量，用以缓解由遗漏重要解释变量所带来的内生性问题。参考于文轩和许成委（2016）、张龙鹏等（2020）的研究，本节控制了以下城市层面的控制变量。①人力资本（HC）。人力资本水平利用每万人在校大学生人数来度量，研究中取自然对数。②科技财政支出（STE）。利用科技财政支出占财政支出的比重来衡量城市的科技财政支出水平，同时也表征财政支出结构。③人口密度（PD）。人口密度定义为每平方公里的常住人口数，并取自然对数。④外商直接投资（FDI）。本文利用外商直接投资占地区生产总值的比重衡量城市的外商直接投资水平。⑤信息基础设施（II）。信息基础设施利用每百人中移动电话用户数来度量，研究中取自然对数。⑥劳动力成本（Cost）。劳动力成本利用城市职工平均工资的自然对数度量。

η 表示城市固定效应，用以控制不随时间变化的城市特征变量，如城市地理特征；ν 表示年份固定效应，用以控制不随城市变化的时间特征变量，如国家宏观政策冲击。

（二）数据来源

本节在城市层面从国家重点实验室建设的角度探讨基础研究发展对企业技术创新的影响，因此研究所需要的数据来自三个部分。其一，企业技术创新的数据来自寇宗来和刘学悦（2017）的研究报告。由于研究报告汇报的数据跨度为2001—2016年，因此本节研究的时间范围也在此区间。其二，本节首先通过科技部公布的“2016 国家重点实验室年度报告”获得国家重点实验室的具体名单，共254家国家重点实验室。在此基础上，通过网络搜索获得每家国家重点实验室成立的年份，进而得到各个城市每年所拥有的国家重点实验室数。其三，人力资本、科技财政支出、人口密度等控制变量的相关数据来源于2002—2017年的中国城市统计年鉴。根据变量的测度和数据来源的说明，表3-7汇报了本节研究变量的描述性统计。

表 3-7 变量的描述性统计

变量	说明	平均值	标准差	最小值	最大值
Innovation	企业技术创新	5.19	33.41	0.00	1061.37
Lab	国家重点实验室数量	1.02	7.22	0.00	165.00
HC	人力资本	4.30	1.18	−0.52	7.18
STE	科技财政支出占比	0.02	0.05	0.00	0.37
PD	人口密度	5.72	0.91	1.10	9.36

续表

变量	说明	平均值	标准差	最小值	最大值
FDI	外商直接投资占比	0.00	0.02	0.00	1.36
II	信息基础设施	3.76	0.98	-2.82	8.83
Cost	劳动力成本	10.10	0.67	2.28	12.68

资料来源：作者自制。

三、实证结果与分析

（一）国家重点实验室建设对企业技术创新的基本影响及影响机制

根据公式（3-5）所示的计量模型，采用普通最小二乘法估计了国家重点实验室建设对企业技术创新的影响，基本回归结果如表 3-8 第（1）列至第（3）列所示。表 3-8 采取逐步加入控制变量的方式，探讨了国家重点实验室建设与企业技术创新之间的关系。第（1）列未加入任何控制变量，Lab 的估计系数显著为正，表明国家重点实验室建设与企业技术创新之间存在显著的正相关关系，由于遗漏重要解释变量，还不能得出明确的因果关系。第（2）列控制了城市固定效应和年份固定效应，Lab 的估计系数在 1%的显著性水平上为正，并且系数要大于第（1）列的估计结果，可见遗漏重要解释变量将会低估国家重点实验室建设的企业技术创新促进效应。进一步，第（3）列加入了人力资本、科技财政支出占比、人口密度等控制变量，Lab 的估计系数依然在 1%的显著性水平上为正。表 3-8 第（1）列到第（3）列的基本回归结果表明，在城市层面，国家重点实验室的建设能够推动中国企业技术创新能力的提升，进而说明基础研究的发展具有显著的企业技术创新促进效应，中国可以以国家重点实验室为依托调整和优化基础研究布局。

在明确国家重点实验室建设对企业技术创新具有正向影响的基础上，我们根据理论分析的研究假设，检验基础研究发展的知识溢出机制是否存在。如果知识的空间溢出机制是存在的，那我们应该可以看到其他城市的国家重点实验室建设会对本市的企业技术创新产生正向影响。因此，参考 Ling 等（2018）、余丽甜和詹宇波（2018）的做法，本节计算省内除本市外其他城市国家重点实验室数量的均值（Lab_）来度量省内其他城市国家重点实验室建设的情况，相应的回归结果如表 3-8 的第（4）列所示。回归结果显示，Lab_的估计系数在 1%的显著性水平上为正，并且回归系数远大于 Lab 的估计系数，这表明省内其他城市国家重点实验室的数量越多，本市的企业技术创新能力越强，也就是说，国家重点实验室建设通过知识的空间溢出机制推动了企业的技术创新，而且当全国基础研究实现全域均衡发展时，中国企业的技术创新能力将实现跨越式的提升，中国需要加强基础研究薄弱地区的布局。结合基本回归结果的结论，可以认为本节的研究假设 1 是成立的，即国家重点实验室通过基础研究的知识溢出机制促进了企业技术创新能力的提升。

表 3-8　国家重点实验室建设与企业技术创新的回归结果

解释变量	基本回归结果			机制检验
	（1）	（2）	（3）	（4）
Lab	3.30***	8.07***	7.97***	7.45***
	（-0.45）	（-1.07）	（-1.11）	（-0.83）
Lab_				3704.79***
				（-973.50）
HC			-4.11***	-3.40***
			（-1.04）	（-0.84）
STE			121.43***	128.62***
			（-40.67）	（-31.51）
PD			15.56***	16.06***
			（-5.79）	（-5.68）
FDI			-12.94	-12.54*
			（-8.06）	（-7.01）
II			3.39	3.26
			（-4.52）	（-4.55）
Cost			-7.94**	-6.21**
			（-3.57）	（-2.89）
城市固定效应	否	控制	控制	控制
年份固定效应	否	控制	控制	控制
样本量	5408	5408	4029	3968
拟合优度	0.51	0.74	0.76	0.59

注：*、**、***分别代表 10%、5%与 1%显著性水平；括号内为估计系数的稳健标准差。

此外，关于国家重点实验室促进企业技术创新的研究结论，这里还将做进一步的稳健性检验，检验结果如表 3-9 所示。

（1）企业技术创新能力的再度量。基本回归结果利用企业发明专利的专利价值和创业数据所构建的创新指数度量了城市层面的企业技术创新能力。但我们也看到这一度量指标忽略了实用新型和外观设计专利。为了说明本节研究结论不会因度量指标的改变而改变，我们利用城市每万人所申请的专利数重新度量企业技术创新能力，然后重新检验国家重点实验室建设与企业技术创新之间的关系，回归结果如表 3-9 的第（1）列所示。Lab 的估计系数为正，且通过了 1%的显著性检验，由此说明拥有国家重点实验室越多的城市，企业申请的专利数量越多。结合基本回归的结论，我们可以进一步得到，国家重点实验室的建设不仅促进了企业技术创新数量的增加，而且推动了创新质量的提升。

表 3-9 稳健性检验结果

解释变量	更换变量	系统 GMM
	（1）	（2）
Lab	0.8965*** （0.1284）	0.1822*** （0.0586）
Wald		21.5500*** （0.0015）
AR（1）		-2.6200*** （0.0090）
AR（2）		-1.5900 （0.1120）
Sargan		0.0000 （0.9950）
控制变量	控制	控制
城市固定效应	控制	控制
年份固定效应	控制	控制
样本量	4029	2754
拟合优度	0.7365	

注：*、**、***分别代表 10%、5%与 1%显著性水平；括号内为估计系数的稳健标准差。

（2）更换估计模型。这里采用系统 GMM 方法重新检验国家重点实验室建设对企业技术创新的影响，回归结果如表 3-9 的第（2）列所示。对于模型的联合显著性检验而言，Wald 检验值在 1 %的显著性水平下拒绝“所有解释变量系数为 0”的原假设，说明模型回归时整体显著。对于工具变量的过度识别检验而言，由表中 Sargan 检验值的 P 值可知，无法拒绝“所有工具变量均有效”的原假设，表明所选用的工具变量与残差项不相关。对于回归估计的一致性检验而言，由表中 AR（1）与 AR（2）的 P 值可知，扰动项的差分只存在一阶序列相关而不存在二阶序列相关，故满足残差项无自相关的条件。因此，模型符合系统 GMM 的使用条件，故该回归结果是有效且可靠的。由估计结果可知，Lab 的估计系数仍然在 1%的显著性水平上显著，表明更换估计模型后国家重点实验室建设促进企业技术创新能力提升的结论依然成立。

（二）不同类型国家重点实验室对企业技术创新的影响

由于学科国家重点实验室、省部共建国家重点实验室、企业国家重点实验室在国家基础研究体系中所扮演的角色存在一定的差异，因此这三类实验室对企业技术创新的影响可能也存在差异性，表 3-10 便探讨了这种差异性。由表 3-10 可知，学科、省部共建、企业国家重点实验室的估计系数均显著为正，这说明三类实验室均能促进企业技术创新能力的提升。但值得关注的是，它们的估计系数存在显著的差异。省部共建国家重点实验室的估计系数最大，为 37.61；企业国家重点实验室的估计系数次之，为 25.36；学科国家重点实验室的估计系数最小，为 10.34。由此说明，省部共建、企业、学科国家重点实验室对企业技术创新的推动作用依次递减，进而检验了本文的第二个研究假设。表 3-10 的回归结果表明，如果从提升企业技术创新能力的角度看，国家可以适当提升省部共建、企业国家重点实验室的区域布局，加强区域和产业的应用基础研究。

表 3-10 不同类型国家重点实验室对企业技术创新影响的回归结果

解释变量	（1）	（2）	（3）
	学科国家重点实验室	省部共建国家重点实验室	企业国家重点实验室
Lab	10.34*** （-1.77）	37.61*** （-4.77）	25.36*** （-2.38）
控制变量	控制	控制	控制
城市固定效应	控制	控制	控制

续表

解释变量	（1）	（2）	（3）
	学科国家重点实验室	省部共建国家重点实验室	企业国家重点实验室
年份固定效应	控制	控制	控制
样本量	4029	4029	4029
拟合优度	0.70	0.61	0.77

注：***代表1%显著性水平；括号内为估计系数的稳健标准差。

三类国家重点实验室对企业技术创新的影响存在差异的原因在于，学科国家重点实验室承担的是纯基础研究，省部共建国家重点实验室和企业国家重点实验室承担的是面向区域和产业重大需求的应用基础研究。相比之下，省部共建、企业国家重点实验室更能针对企业的发展需求，与应用研究展开协同合作，突破制约企业发展的基础性技术难题。相关的研究也表明，基础研究与应用研究的协同合作更能带来企业技术创新能力的显著提升（Henard 和 Mcfadyen，2005）。因此，省部共建、企业国家重点实验室对企业技术创新的促进作用要大于学科国家重点实验室。另外，省部共建国家重点实验室的促进作用大于企业国家重点实验室的原因可能有两方面。一方面，省部共建国家重点实验室的数量相对较少，城市布局一个省部共建国家重点实验室的边际效应大于企业国家重点实验室。另一方面，省部共建国家重点实验室承担的基础研究功能介于学科国家重点实验室和企业国家重点实验室之间，发挥着承上启下的作用，既具有纯基础研究的原始创新作用，又能与应用基础研究实现有效对接。

（三）不同地区国家重点实验室对企业技术创新的影响

东中西部地区基础研究发展的演变轨迹存在显著的地区异质性（张龙鹏和王博，2020），同时东中西部地区的经济社会发展水平也不同，这就有可能导致国家重点实验室对企业技术创新的影响存在地区异质性。本节将实证检验这一异质性是否存在。在本节的研究中，东部地区包括北京、天津、河北、辽宁、上海、江苏、浙江、福建、山东、广东、海南；中部地区包括黑龙江、吉林、山西、安徽、江西、河南、湖北、湖南；西部地区包括四川、重庆、贵州、云南、西藏、陕西、甘肃、青海、宁夏、新疆、广西、内蒙古。根据地区分组，表3-11汇报了东中西部国家重点实验室影响企业技术创新的回归结果。

表 3-11　不同地区国家重点实验室对企业技术创新影响的回归结果

解释变量	(1)	(2)	(3)
	东部	中部	西部
Lab	8.04***	6.09***	2.14*
	(-1.20)	(-0.56)	(-1.22)
控制变量	控制	控制	控制
城市固定效应	控制	控制	控制
年份固定效应	控制	控制	控制
样本量	1575	1500	954
拟合优度	0.78	0.85	0.54

注：*、***分别代表 10%、1%显著性水平；括号内为估计系数的稳健标准差。

由表 3-11 可知，在东部地区，Lab 的估计系数为 8.04，通过 1%的显著性检验；在中部地区，Lab 的估计系数为 6.09，通过 1%的显著性检验；在西部地区，Lab 的估计系数为 2.14，通过 10%的显著性检验。回归结果表明，国家重点实验室对企业技术创新的促进作用由东向西逐渐递减，经济发展水平越高，国家重点实验室的企业技术创新效应越强，从而验证了本节的研究假设 3。导致存在地区异质性的原因可能来自三个方面。其一，东中部地区国家重点实验室数量高于西部，并且东中部地区国家重点实验室的基础研究水平也要高于西部地区，这就使得东中部地区国家重点实验室更有能力帮助当地企业突破关键核心技术问题。其二，相比西部地区，东中部地区企业拥有更强的技术吸收能力，这就使得企业更有能力将基础研究和应用研究的成果内在化和商业化，以快速提升自身的技术创新能力。其三，东中部地区拥有更好的知识产权环境、融资环境等制度环境，良好的制度环境有助于基础研究与产业应用研究的深度融合，进而带来企业技术创新能力的提升。

四、内生性处理

前文已从国家重点实验室建设的角度就基础研究发展对企业技术创新的影响展开了详细的研究与讨论，但研究结论还会受到内生性的影响。本节可能的内生性存在两个方面：一方面是遗漏共同冲击变量，比如在创新环境和创新基础比较好的地区，申请国家重点实验室和企业技术创新都会更容易；另一方面是企业技术创新不仅仅是基础研究的结果，也可能作为需求源头推动基础研究发展。因此，本部分将从这两个方面着力解决研究过程中可能会遇到的内生性问题。

（一）遗漏共同冲击变量所带来的内生性处理

大部分国家重点实验室尤其是学科国家重点实验室是依托高校建设的，因此高校较多的城市国家重点实验室数量也较多，同时高校也能促进城市的企业技术创新。为了处理遗漏高校数量可能带来的内生性问题，表3-12 的 Panel A 在前面回归的基础上控制了高校数量（University）。Panel A 的回归结果显示，在全样本中，国家重点实验室的估计系数在 1%的显著性水平上为正，但高校数量的估计系数未通过显著性检验，这说明考虑遗漏高校数量问题后国家重点实验室建设对企业技术创新的促进作用依然是成立的。从不同类型国家重点实验室的回归结果看，在控制高校数量后，省部共建、企业、学科国家重点实验室的企业技术创新促进作用依次递减的结论没有改变。在分区域的回归结果中，东部和中部地区国家重点实验室的估计系数显著为正，且东部估计系数比中部大 41.00%，但西部国家重点实验室的估计系数为负，未通过显著性检验，可见控制高校数量后，国家重点实验室对企业技术创新的促进作用依然是由东向西依次递减。

高校数量在一定程度上反映了一个城市的创新基础，进一步本节还将排除创新环境这一共同冲击因素的影响。知识产权保护、技术成果转化市场等都是创新环境的重要维度，表 3-12 的 Panel B 控制了省份层面的知识产权保护（IPR）、技术成果转化市场（Market）对企业技术创新的影响。知识产权保护、技术成果转化市场的评价数据来源于樊纲和王小鲁（2010）的研究报告。由于这份研究报告只汇报了 1997—2007 年的数据，因此 Panel B 的研究时间范围为 2001—2007 年。从 Panel B 的回归结果来看，在考虑了创新环境的共同影响后，本节提出的三个研究假设依然是成立的。

表 3-12　遗漏共同冲击变量所带来的内生性处理的回归结果

解释变量	（1） 全样本	（2） 学科国家重点实验室	（3） 省部共建国家重点实验室	（4） 企业国家重点实验室	（5） 东部	（6） 中部	（7） 西部
Panel A							
Lab	8.02*** （1.21）	10.05*** （1.86）	37.29*** （5.65）	24.74*** （2.54）	8.15*** （1.27）	5.78*** （0.58）	−0.19 （1.00）

续表

解释变量	（1）全样本	（2）学科国家重点实验室	（3）省部共建国家重点实验室	（4）企业国家重点实验室	（5）东部	（6）中部	（7）西部
University	-0.11	0.53**	0.06	0.67***	-0.35	0.14	1.88***
	（0.27）	（0.23）	（0.33）	（0.18）	（0.36）	（0.10）	（0.40）
控制变量	控制	控制	控制	控制	控制	控制	控制
城市固定效应	控制	控制	控制	控制	控制	控制	控制
年份固定效应	控制	控制	控制	控制	控制	控制	控制
样本量	4017	4017	4017	4017	1574	1491	952
拟合优度	0.76	0.70	0.61	0.77	0.78	0.85	0.70
Panel B							
Lab	1.66***	1.96***	5.59***	5.42***	1.74***	1.37***	0.53***
	（0.05）	（0.16）	（0.90）	（0.70）	（0.05）	（0.10）	（0.16）
IPR	0.16***	0.16***	0.18***	0.18***	0.20***	0.05	0.10
	（0.04）	（0.05）	（0.05）	（0.05）	（0.06）	（0.05）	（0.06）
Market	0.28***	0.32***	0.72***	0.41***	0.38***	0.02	-0.04
	（0.10）	（0.10）	（0.25）	（0.13）	（0.13）	（0.03）	（0.05）
控制变量	控制	控制	控制	控制	控制	控制	控制
城市固定效应	控制	控制	控制	控制	控制	控制	控制
年份固定效应	控制	控制	控制	控制	控制	控制	控制
样本量	1716	1716	1716	1716	689	646	381
拟合优度	0.94	0.93	0.79	0.88	0.95	0.93	0.89

注：**、***分别代表 5%、1%显著性水平；括号内为估计系数的稳健标准差。

（二）双向因果关系带来的内生性处理

除了遗漏共同冲击变量所带来的内生性问题外，本节的研究结论还会受到双向因果关系带来的内生性影响，因为企业技术创新不仅仅是基础研究的结果，也可能作为需求源头推动基础研究发展。为解决该问题，本节使用国家重点实验室建设的滞后一期作为工具变量，然后利用 2SLS 对研究建设进行再检验，相应的回归结果如表 3-13 所示。根据全样本回归结果，国家重点实验室的估计系数仍然在 1%的显著性水平上为正，表明了国家重点实验室建设促进了企业技术创新。此外，省部共建、企业、学科国家重点实验室的估计系数依此递减，东中西部地区国家重点实验室的估计系数也依此递减。表 3-13 的回归结果表明，当考虑双向因果关系的内生性问题后，本节的三个研究假设依然成立。

表 3-13　双向因果关系所带来的内生性处理的回归结果

解释变量	（1） 全样本	（2） 学科国家重点实验室	（3） 省部共建国家重点实验室	（4） 企业国家重点实验室	（5） 东部	（6） 中部	（7） 西部
Lab	8.77*** （1.18）	12.44*** （2.11）	42.58*** （5.13）	27.24*** （2.65）	8.76*** （1.25）	6.80*** （0.59）	4.10 （2.54）
控制变量	控制	控制	控制	控制	控制	控制	控制
城市固定效应	控制	控制	控制	控制	控制	控制	控制
年份固定效应	控制	控制	控制	控制	控制	控制	控制
样本量	3801	3801	3801	3801	1480	1409	912
拟合优度	0.77	0.71	0.62	0.78	0.79	0.85	0.55

注：***代表 1%显著性水平；括号内为估计系数的稳健标准差。

五、本节小结

本节基于城市层面 2001—2016 年的数据从国家重点实验室建设的角度探讨了基础研究发展对企业技术创新的影响，这不仅可以更为全面地度量中国的基础研究发展，而且可以检验国家重点实验室建设的成效。本节的实证研究结果表明，国家重点实验室的建设显著提升了中国企业的技术创新能力，基础研究具有显著的企业技术创新促进效应。从异质性分析的结果来看，省部共建、企业、学科国家重点实验室的企业技术创新效应依次递减，表明应用基础研究的企业技术创新驱动效应要强于纯基础研究；国家重点实验室对企业技术创新的促进作用由东向西依次递减，说明随着地区制度与市场环境的完善，基础研究越能发挥其对企业技术创新的促进作用。

第三节　企业基础研究与应用研究融合发展与创新产出

柳卸林和何郁冰（2011）、眭纪刚等（2013）的研究认为，企业从事基础研究有助于实现重大、关键核心技术的突破。Martínez-Senra 等（2015）、Añón Higón（2016）的研究也进行了实证检验。已有大部分文献建立的是企业基础研究与经济绩效之间的直接因果关系，并未充分关注基础研究的经济绩效所产生的途径。通常而言，基础研究追求的是一般性的原理与知识，并不能直接产生经济效应，其需要与应用研究实现深度融合才能产生经济绩效。虽然 Henard 和 McFadyen（2005）等少数学者意识到基础研究与应用研究的关系对经济绩效的影响，但他们依然将基础研究与应用研究之间的关系视为一种线性关系。从最优研发结构的视角来看，基础研究与应用研究是一种相互影响、融合发展的非线性关系。鉴于已有研究的不足，本节从基础研究与应用研究融合发展的角度讨论企业基础研究对其创新产出的影响。

一、研究假设提出

企业创新由一系列的创新投入与产出活动组成。创新产出包括专利、新产品、生产流程改进等。为获得这些创新产出，企业需要投入一系列的研发经费与研发人员。在投入端，研发活动可划分为基础研究与应用研究①。企业创新是从基础研究到应用研究，再到创新产出的一条创新链。基础研究一般不能产生直接的创新效应，需要作用于应用研究，但投入端的研发活动并非线性关系。基础研究可以影响应用研究，反之亦然。这也就是说，企业基础研究与应用研究之间呈现的是融合发展关系。因此，本节致力于探讨企业基础研究与应用研究的融合发展对企业创新产出的影响。

知识是一个企业创新产出的必备条件，基础研究将不断拓展企业知识的广度和深度（Henard 和 McFadyen，2005），因而企业将从其基础研究活动中增加其知识储量，获得创新产出。已有的文献已表明，基础研究对企业创新产出具有显著的促进效应。阿农 · 希贡（Añón · Higón，2016）基于西班牙的研究表明，企业的基础研究有助于企业获得创新的先发优势，推出对于市场而言是全新的产品。坎巴德拉（Gambardella，1992）、法布里奇奥（Fabrizio，2009）的研究也指出，参与基础研究活动的企业在创新的数量、质量、时间等方面都更具有优势。然而，基础研究在很大程度上

① 研发类型分为基础研究、应用研究与试验发展三类。在本节的研究中，若没有特别单独强调试验发展，均将应用研究与试验发展统称为应用研究。

不会对企业创新产出产生直接影响，其需要与应用研究实现深度融合，方能发挥其企业创新驱动效应（蒋殿春和王晓娆，2015）。如果只是一味发展基础研究，忽视应用研究，基础研究与应用研究就会失调，从而有可能导致企业创新产出的减少。同时，当企业创新能力较弱时，企业加大应用研究，有助于企业吸收转化基础研究成果，实现企业创新产出的快速增加。当企业逐渐接近世界科技前沿时，已无基础研究成果可利用，如果继续加大应用研究，将会产生边际递减效应，这时就需要强化基础研究，推动理论创新和原始创新，实现基础研究与应用研究的融合发展，才能进一步推动企业创新产出的增加（孙早和许薛璐，2017）。Henard 和 McFadyen（2005）的研究也表明，企业的基础研究水平越高，应用研究的投资回报率越高。基于上述分析，可以得到本节的研究假设 1。

假设 1：企业基础研究与应用研究的融合发展能够显著促进创新产出的增加。

行业的技术特征是影响企业创新活动的一个重要变量。在技术密集型的行业，企业创新的难度与复杂度会大幅度提高，对科技成果的转化需求也更为迫切。此时，企业一方面有强劲的动力加大基础研究投入，形成与应用研究相匹配的投入水平，帮助企业突破重大、关键的核心技术，提高创新产出绩效，以维持企业在行业的竞争优势。特别在越是接近世界科技前沿的产业领域越是如此（孙早和许薛璐，2017）。同时，企业也并不会一味增加基础研究投入，降低应用研究投入，而是将两者的投入比例维持在一个合理的区间，以保证通过应用研究能将企业基础研究的成果进行商业化，获得产出绩效。因此，在技术密集型的行业，企业将有机会积累更多的经验与知识提升基础研究与应用研究融合发展的质量，进而获得显著的创新产出。或许正是因为这样，Czarnitzki 和 Thorwarth（2012）的研究才发现企业的基础研究在高技术行业中具有更大的经济效应。基于上述分析，本节的研究假设 2 如下：

假设 2：随着产业技术水平的提升，企业基础研究与应用研究的融合发展对创新产出的促进作用也相应增强。

地区市场环境对于企业基础研究与应用研究的融合发展可能会产生重要的影响（金杰等，2018）。从基础研究的内涵与特征来看，地区的知识产权保护、金融市场与国际开放等是关键的变量。与企业的其他研发行为相比，企业从事基础研究面临着更为严重的独占性与搭便车问题（Rosenberg,

1990），这将使得企业不能完全占有基础研究成果。如果企业所在的地区缺乏完善的知识产权保护制度，就会导致企业缺乏进行基础研究投资的积极性，从而影响企业基础研究与应用研究融合发展的数量与质量，对创新产出造成负面影响。此外，企业的基础研究还面临着投资风险大、回报周期长等特点，因而企业的基础研究存在更严重的融资难问题。地区金融市场的发展能够丰富企业融资渠道的多样性，缓解融资约束，促进企业的基础研究投入（金杰等，2018；Song 等，2018），为基础研究与应用研究的融合发展创造条件，以实现企业创新产出的增加。进一步，在地区“引进来”的过程中，本土企业可以在与外资企业的合作与交流中学习有关企业创新管理的知识与经验，帮助企业更好地实现基础研究与应用研究的融合发展。同时，在“走出去”的过程中，企业为占领技术制高点，拓展海外市场，就有强大的动力从事基础研究活动，促进基础研究与应用研究的融合发展。因此，本节的研究假设 3 如下。

假设 3：地区市场环境的完善有助于提高企业基础研究与应用研究融合发展的创新产出效应。

不同主体基础研究的数量和质量、基础研究主体与企业之间的知识距离均会影响基础研究与企业应用研究的融合发展程度。一方面，当基础研究投入越多、质量越高，在其与企业应用研究融合的过程中，有助于企业应用研究更有可能获得前沿基础研究成果，从而加快企业应用研究的发展，显著提升企业创新产出（Kafouros 等，2015）。另一方面，基础研究主体与企业之间的知识距离越近，企业就能越容易地从基础研究主体处获得合适的基础研究成果支撑其应用研究发展，基础研究与应用研究之间的匹配度就越高（Petruzzelli，2011）。因此，基础研究主体的基础研究数量与质量越高，与企业的知识距离越近，其基础研究与企业应用研究的融合程度就越高，企业创新产出越显著。虽然由企业执行基础研究，能够缩短基础研究与应用研究之间的知识距离，增强基础研究与应用研究融合发展的创新产出效应，但就中国的实际情况而言，无论在基础研究数量上，还是质量上，高校的情况均要好于企业，能够弥补高校与企业之间较长的知识距离所带来的负面影响。根据 2017 年《中国科技统计年鉴》的计算，2016 年中国基础研究经费支出中高校占 52.6%、研究机构占 41%、企业仅占 6.4%。另外，以 2017 年国家科学技术奖为例，中国高校作为主要完成单位获得三大奖（国家自然科学奖、国家技术发明奖、国家科学技术进步奖）通用项目157项，占通用项目总数的72.7%。其中，作为第一单位获奖项目数为114项，占通用项目总数的52.8%。可见，相比研究机构、企业，高校的基础研究质量更高。因此，可以推断，与研究机构、企业相比，中国高校基础研究与企业应用研究的融合发展更能促进企业创新产出的增加，从而得到研究假设4。

假设4：不同主体执行的基础研究与企业应用研究、试验发展的融合发展对企业创新产出的影响存在差异性。

二、研究设计

（一）实证模型设定与变量说明

为检验企业的基础研究与应用研究融合发展对创新产出的影响，本节将地区层面的企业基础研究与应用研究融合发展程度同微观层面的企业创新产出进行匹配，构建如公式（3-6）所示的计量模型。

$$E(Patent_{fpt}|X)=\exp(\alpha+\beta Integration_{pt}+\gamma Ctr+\varepsilon_{fpt}) \quad (3\text{-}6)$$

其中，$Patent_{fpt}$表示t年p省份f企业的创新产出。企业创新产出的度量一般使用专利申请数量或授权数量。专利授予需要检测和缴纳年费，存在更多的不确定性和不稳定性（王金杰等，2018），因此本节选用专利申请数量度量企业的创新产出。

$Integration_{pt}$为t年p省份企业基础研究与应用研究的融合发展程度。测算企业基础研究与应用研究融合发展过程中，不再将应用研究与试验发展作为一个整体进行分析，而是视为独立的研发行为。基础研究、应用研究与试验发展是三个相互依赖、相互协调与相互促进的系统，呈现一种动态关联关系。本节参考唐晓华等（2018）的研究，采用耦合协调度模型刻画基础研究、应用研究与试验发展的融合发展程度。该模型应用于多个系统间动态协调度的测算，并在相关的研究中得到了广泛的应用。在构建耦合协调度模型之前，需要量化企业的基础研究、应用研究与试验发展。本节从研究经费支出的角度衡量企业基础研究、应用研究与试验发展的发展水平[①]。进一步，根据公式（3-7）所示的方法标准化基础研究、应用研究与试验发展。

$$U_{pti}=\frac{x_{pti}-x_{ti}^{min}}{x_{ti}^{max}-x_{ti}^{min}} \tag{3-7}$$

其中，U_{pti} 代表 i 指标在 t 年 p 省份的标准值；x_{pti} 表示 i 指标在 t 年 p 省份的原值；x_{ti}^{min}、x_{ti}^{max} 分别表示 i 指标在 t 年所有省份中的最小值、最大值；i 取值为 1，2，3 时，分别代表基础研究、应用研究、试验发展。

在指标标准化的基础上，参考唐晓华等（2018）的研究，构建一个包含三个系统的耦合度模型，如公式（3-8）所示。

$$C_{pt}=3\left[\frac{U_{pt1}\cdot U_{pt2}\cdot U_{pt3}}{(U_{pt1}+U_{pt2})\cdot(U_{pt1}+U_{pt3})\cdot(U_{pt2}+U_{pt3})}\right]^{\frac{1}{3}} \tag{3-8}$$

其中，C_{pt} 为 t 年 p 省份企业基础研究、应用研究与试验发展的耦合度值。当 U_{pt1}、U_{pt2}、U_{pt3} 的取值相近且较低时，会出现三个系统在发展水平都不高的情况下，融合发展程度较高的伪评价结果。因此，为解决这一问题，本节进一步构建耦合协调度模型，以真实反映三个系统的融合发展情况。具体模型如公式（3-9）与公式（3-10）所示。

$$D_{pt}=(C_{pt}\cdot T_{pt})^{\frac{1}{2}} \tag{3-9}$$

$$T_{pt}=\alpha U_{pt1}+\beta U_{pt2}+\gamma U_{pt3} \tag{3-10}$$

其中，D_{pt} 表示 t 年 p 省份企业基础研究、应用研究与试验发展的耦合协调度，即融合发展程度，其取值在 0 到 1 之间，值越大，表明融合发展程度越高；T_{pt} 为 t 年 p 省份企业基础研究、应用研究与试验发展的综合协调指数，反映基础研究、应用研究与试验发展的整体发展水平；α、β、γ 为待定参数，分别表示基础研究、应用研究、试验发展在整个系统中的重要程

① 由于中国科技统计年鉴并未公布由企业执行的基础（应用）研究经费支出数据，因此企业基础（应用）研究支出由基础（应用）研究总支出减去由高校和研究机构执行的基础（应用）研究支出的值而得到。

度。将基础研究、应用研究、试验发展视为同等重要的系统，待定参数的值均为 1/3（曾繁清和叶德珠，2017）。

Ctr 为一系列企业与省份层面的控制变量。根据 Kafouros 等（2015）、王金杰等（2018）的研究，企业层面的控制变量包括年龄（Age）、规模（Size）、资产负债率（ALR）与所有制（Ownership）。企业年龄由计算当年减去企业成立年份得到；企业规模利用营业收入的自然对数来衡量；资产负债率为企业总负债占总资产的比重；企业为国有企业时，所有制变量赋值为 1，否则为 0。省份层面控制变量包括地区的研发强度（RD）、金融发展水平（Finance）、互联网普及率（Internet）、财政支出水平（Fiscal）。研发强度为研发经费支出占地区生产总值的比重；金融发展水平利用金融业增加值占地区生产总值的比重来衡量；互联网普及率为使用互联网的人口比重；财政支出水平定义为公共财政一般预算支出占地区生产总值的比重。

专利申请量只能取非负整数，属于计数数据。如果采用 OLS 回归将会导致估计结果出现偏误，即使对专利申请数据进行对数化处理，也会出现同样的问题（张超林和杨竹清，2018）。因此，本节与冼国明和明秀南（2018）的研究一致，采用泊松（Poisson）回归估计企业基础研究与应用研究的融合发展对创新产出的影响。

（二）数据来源

本节所使用的数据主要来源有 4 个。第一，企业的专利申请数据来自中国研究数据服务平台（CNRDS）。该数据平台报告了 1990—2014 年间中国上市公司的专利申请情况。第二，上市公司层面的其他数据来源于 Wind 经济金融数据库。本节删除了金融业、特殊处理股份、关键变量缺失的公司样本。第三，有关各省研发活动的数据来自历年的《中国科技统计年鉴》。第四，各省的其他地区层面的经济数据来自历年的《中国统计年鉴》。由于我们难以基于《中国科技统计年鉴》计算 2009 年以前企业的基础研究、应用研究与试验发展的研发经费支出数据，因此本节研究的时间范围为 2009—2014 年。

三、实证结果与分析

（一）企业基础研究与应用研究融合发展对创新产出的基本影响

表 3-14 的第（1）至第（4）列采取逐步回归的方式汇报了企业基础研

究与应用研究的融合发展对创新产出的影响。第（1）列未加入任何控制变量，融合发展（Integration）的估计系数在1%的显著性水平上为正，表明基础研究与应用研究融合发展与企业创新产出之间存在正相关关系。由于第（1）列未控制任何变量，因此还不能得出确切的因果关系。进一步，第（2）列与第（3）列依次加入了企业与省份层面控制变量，第（4）列还控制了行业、省份与年份固定效应。在逐步加入控制变量的过程中，融合发展的估计系数均在1%的显著性水平上为正。表3-14的回归结果表明，如果企业基础研究能与应用研究实现融合发展，将会使企业创新产出显著提升。由第（4）列平均边际效应的大小可以看出，当其他控制变量保持不变时，基础研究与应用研究融合发展程度提高1个单位，企业的专利申请数将增加约80个。由于融合发展程度的最大取值为1，直接解释平均边际效应意义不大，但我们可以换个说法，即融合发展程度提高0.1个单位，企业专利申请数将增加约8个。基础研究与应用研究融合发展对创新产出的影响不仅在统计意义上显著，在经济意义上也显著，研究假设1得以验证。

表3-14　基本回归结果

变量	（1）	（2）	（3）	（4）
Integration	679.8111***	818.8176***	607.9305***	79.6274***
	（2.7709）	（3.1312）	（4.1214）	（10.2298）
Age		−1.3753***	−0.8807***	−0.5097***
		（0.0113）	（0.0114）	（0.0128）
Size		19.9421***	17.9243***	14.4536***
		（0.0414）	（0.0401）	（0.0439）
ALR		0.0185***	0.0239***	0.0253***
		（0.0011）	（0.0009）	（0.0006）
Ownership		2.5951***	1.6325***	18.0002***
		（0.1293）	（0.1344）	（0.1532）
RD			12.1595***	1.9263***
			（0.0924）	（0.5187）
Finance			−3.5160***	−1.2793***
			（0.0490）	（0.1406）
Internet			0.4302***	1.3489***
			（0.0085）	（0.0530）
Fiscal			0.3465***	0.5650***
			（0.0114）	（0.1175）

续表

变量	(1)	(2)	(3)	(4)
行业固定效应	否	否	否	控制
省份固定效应	否	否	否	控制
年份固定效应	否	否	否	控制
观测值	14174	13318	13318	13318

注：***代表在 1%的水平上显著，估计系数为平均边际效应，括号内为估计系数的标准差。

虽然表 3-14 已经证实了企业基础研究与应用研究的融合发展具有显著的创新产出效应，但这一结论还会受到一系列因素的影响。因此，为说明研究结论的稳健性，进一步从以下几个方面展开稳健性检验，估计结果如表 3-15 所示。

表 3-15　稳健性检验结果

变量	(1) 发明专利	(2) 融合发展	(3) 零膨胀泊松回归
Integration	23.2805*** (6.6671)	53.7910*** (8.8033)	46.2841*** (8.4216)
控制变量	控制	控制	控制
行业固定效应	控制	控制	控制
省份固定效应	控制	控制	控制
年份固定效应	控制	控制	控制
Vuong			17.1800
观测值	13318	13318	13318

注：***代表在 1%的水平上显著，估计系数为平均边际效应，括号内为估计系数的标准差。

第一，指标再度量。首先，企业创新产出再度量。利用专利申请数作为企业创新产出的度量指标可能存在的问题在于，地方政府一般以专利申请作为奖励本地企业创新的标准，这就会导致相当数量的虚假、不合格的申请，若使用专利申请数作为测度指标，可能使部分企业的创新测度失真。专利分为发明专利、实用新型专利和外观设计专利。面对地方政府的创新奖励政策，企业可能会采取策略性创新，大量申请实用新型专利或外观设计专利。可以判断，虚假、不合格申请主要存在于实用新型专利或外观设计专利，因此本节利用代表创新质量的发明专利数量重新测度企业创新产出，这可在一定程度上避免由于虚假、不合格申请所带来的创新测度失真问题。表 3-15 的第（1）列汇报了基于发明专利的回归结果。融合发展的估计系数在 1%的显著性水平上为正，这表明当使用发明专利申请数重新度量企业创新产出后，基础研究与应用研究融合发展依然促进了企业的创新产出。平均边际效应的计算结果表明，融合发展程度提高 0.1 个单位，企业发明专利申请数将上升 2 个左右。

其次，企业基础研究与应用研究融合发展再度量。在计算企业基础研究与应用研究融合发展程度的过程中，我们将基础研究、应用研究、试验发展视为同等重要的系统，给予了相同的权重。为说明研究结论不因权重的改变而改变，我们将改变三个系统的权重，重新计算企业基础研究与应用研究的融合发展程度。鉴于原始创新对于现阶段的中国企业而言具有重要的意义，将基础研究、应用研究、试验发展的权重依次赋值为 0.5、0.3、0.2。表 3-15 的第（2）列汇报了重新度量融合发展后的估计结果。融合发展的估计系数在 1%的显著性水平上为正，表明研究结论依然稳健。

第二，估计方法的变更。研究样本中有 32.36%的企业的专利申请数为零，这表明可能采用零膨胀泊松回归研究基础研究与应用研究融合发展对企业创新产出的影响更适合。因此，表 3-15 的第（3）列汇报了零膨胀泊松回归的估计结果。Vuong 统计量为 17.18，在 1%的显著性水平上拒绝了“标准泊松回归是合理的”的原假设，则认为应使用零膨胀泊松回归。在零膨胀泊松回归中，融合发展的估计系数为正，且通过了 1%的显著性检验，从而说明研究结论并不因估计方法的变更而改变。虽然稳健性检验表明使用零膨胀泊松回归更适合本节的研究，但我们发现，在部分回归中零膨胀泊松回归并不收敛，无法估计出结果，因此本节仍采用标准泊松回归作为主要的估计方法。

（二）行业异质性分析

对于不同的行业，企业基础研究与应用研究的融合发展对创新产出的影响可能是不同的，因此本部分将分行业探讨影响的异质性。根据张理（2007）、倪鹏途和陆铭（2016）的研究，将制造业分为低技术制造业与高技术制造业，服务业分为生活性服务业与生产性服务业。[①]表 3-16 汇报了按行业分组的回归结果。

就制造业领域而言，在低技术制造业组，融合发展的估计系数为正，但未通过显著性检验；在高技术制造业组，融合发展的估计系数在 1%的显著性水平上为正。相较而言，基础研究与应用研究融合发展更能促进高技术制造业企业创新产出的增加。平均边际效应计算结果显示，融合发展程度提高 0.1 个单位，低技术制造业企业专利申请数增加 25 个左右，高技术制造业企业专利申请数增加 109 个左右。

在服务业领域，融合发展的估计系数在生活性服务业组为正，但不显著，在生产性服务业组显著为正。通过计算平均边际效应可知，融合发展程度提高 0.1 个单位，生活性服务业企业的专利申请数上升 12 个左右，生产性服务业企业的专利申请数增加 114 个左右。可见，在生产性服务业，基础研究与应用研究融合发展对企业创新产出的影响更大。

总的来说，企业基础研究与应用研究融合发展对创新产出的影响程度在生产性服务业最大，其次为高技术制造业，接着是低技术制造业，最后为生活性服务业。随着产业技术水平的提高，企业技术创新复杂度会相应增加，这时如果企业基础研究能够与应用研究实现深度融合，就能够帮助企业实现关键、重大核心技术的突破，带来显著的创新绩效。因此，在高技术制造业、生产性服务业，基础研究与应用研究融合发展的企业创新效应表现得更为明显。表 3-16 的回归结果说明研究假设 2 是成立的。

① 低技术制造业包括纺织服装、服饰业，纺织业，非金属矿物制品业，废弃资源综合利用业，金属制品业，酒、饮料和精制茶制造业，木材加工及木、竹、藤、棕、草制品业，农副食品加工业，皮革、毛皮、羽毛及其制品和制鞋业，食品制造业，文教、工美、体育和娱乐用品制造业，橡胶和塑料制品业，印刷和记录媒介复制业，家具制造业。高技术制造业包括电气机械及器材制造业，广播、电视、电影和影视录音制作业，黑色金属冶炼及压延加工业，化学纤维制造业，化学原料及化学制品制造业，计算机、通信和其他电子设备制造业，汽车制造业，石油加工、炼焦及核燃料加工业，铁路、船舶、航空航天和其他运输设备制造业，通用设备制造业，医药制造业，仪器仪表制造业，有色金属冶炼及压延加工业，专用设备制造业。生活性服务业包括餐饮业，房地产业，公共设施管理业，教育，零售业，批发业，生态保护和环境治理业，卫生，文化艺术业，新闻出版业，住宿业。生产性服务业包括道路运输业，电信、广播电视和卫星传输服务，管道运输业，互联网和相关服务，农、林、牧、渔服务业，软件和信息技术服务业，水上运输业，铁路运输业，研究和试验发展，邮政业，专业技术服务业，装卸搬运和运输代理业，租赁业。

表 3-16　行业异质性的回归结果

变量	（1） 低技术制造业	（2） 高技术制造业	（3） 生活性服务业	（4） 生产性服务业
Integration	24.5196	109.1001***	12.4901	113.7559***
	（21.8158）	（16.9050）	（9.0595）	（22.2978）
控制变量	控制	控制	控制	控制
行业固定效应	控制	控制	控制	控制
省份固定效应	控制	控制	控制	控制
年份固定效应	控制	控制	控制	控制
观测值	1890	6388	1947	1359

注：***代表在 1%的水平上显著，估计系数为平均边际效应，括号内为估计系数的标准差。

（三）地区异质性分析

表 3-17 研究了不同地区环境下企业基础研究与应用研究融合发展对创新产出影响的异质性。为考察地区异质性，本节参考李坤望等（2015）的研究，分别在泊松回归模型中加入融合发展指数与知识产权保护、金融市场、国际开放的交互项（Integration_IPR、Integration_Finance、Integration_Open）。知识产权保护、金融市场的数据分别来源于周密和申婉君（2018）、王小鲁等（2017）的研究。此外，本节利用各省份外商直接投资占地区生产总值的比重衡量国际开放程度。

第（1）至第（3）列分别考察了企业基础研究与应用研究融合发展与知识产权保护、金融市场完善、国际开放的相互作用对企业创新产出的影响。回归结果显示，交互项的估计系数均在 1%的显著性水平上为正，这表明如果一个地区的知识产权保护越严格、金融市场越完善、国际开放水平越高，企业基础研究与应用研究融合发展的创新产出效应越显著。由于知识产权保护、金融市场、国际开放仅代表了地区市场环境的一部分，因此本节进一步利用王小鲁等（2017）测算的省份市场化指数，研究地区异质性。第（4）列加入了融合发展与市场化指数的交互项（Integration_Market）。交互项的估计系数为正，且通过了 1%的显著性检验，说明地区市场环境和企业基础研究与应用研究融合发展之间存在互补效应。总的来看，表 3-17 的估计结果验证了本节的研究假设 3。

表 3-17　地区异质性的回归结果

变量	（1）	（2）	（3）	（4）
Integration_IPR	36.2872***			
	（4.0261）			
Integration_Finance		6.5518***		
		（1.1202）		
Integration_Open			1.7539***	
			（0.2519）	
Integration_Market				11.7834***
				（1.2590）
控制变量	控制	控制	控制	控制
行业固定效应	控制	控制	控制	控制
省份固定效应	控制	控制	控制	控制
年份固定效应	控制	控制	控制	控制
观测值	13307	13318	13318	13318

注：***代表在 1%的水平上显著，估计系数为平均边际效应，括号内为估计系数的标准差。

（四）不同主体基础研究与企业应用研究融合发展影响的差异性

中国的基础研究由高校、研究机构、企业三类主体执行。基本回归结果已经证实了企业基础研究与应用研究的融合发展具有显著的创新产出效应。那么，高校、研究机构的基础研究与企业应用研究的融合发展能否带来企业创新产出的增加？不同执行主体的基础研究与企业应用研究的融合发展对企业创新产出的影响是否具有显著差异？这是本部分将要回答的问题。

我们根据公式（3-7）至公式（3-10）的耦合协调度模型，分别测算了高校基础研究、研究机构基础研究与企业应用研究的融合度。在指标测算的基础上，利用公式（3-6）所示的泊松回归研究高校、研究机构的基础研究与企业应用研究的融合程度对企业创新产出的影响。表 3-18 报告了相应的估计结果。结果表明，高校基础研究与企业应用研究融合发展的估计系数（Integration_U）、研究机构基础研究与企业应用研究融合发展的估计系数（Integration_I）均在 1%的显著性水平上为正。结合基本回归结果，我们发现，无论由谁执行基础研究，基础研究与应用研究的融合发展均能带来企业创新产出的显著增加。相比之下，高校、研究机构基础研究与企业应用研究融合发展的创新产出效应更为明显。高校基础研究与企业应用研究融合发展程度上升 0.1 个单位，企业专利申请数增加 58 个左右；研究机构基础研究与企业应用研究融合发展程度上升 0.1 个单位，企业专利申请数增加约 43 个。在基本回归结果中，企业基础研究与应用研究融合发展程度上升 0.1 个单位，企业专利申请数增加约 8 个。由此可见，不同主体基础研究与企业应用研究的融合发展对企业创新产出的影响存在显著差异，研究假设 4 得以验证。表 3-18 的引申含义在于，在中国企业基础研究水平偏低的情况下，作为替代方案，可以疏通企业应用研究与高校、研究机构基础研究融合发展的渠道，进而提升企业创新能力。也正因如此，党的十九大报告明确指出，要建立产学研深度融合的技术创新体系。

表 3-18　高校、研究机构基础研究与企业应用研究融合发展的回归结果

变量	（1）	（2）
Integration_U	577.3774***	
	（21.9687）	
Integration_I		430.7285***
		（32.6394）
控制变量	控制	控制
行业固定效应	控制	控制
省份固定效应	控制	控制
年份固定效应	控制	控制
观测值	13307	13307

注：***代表在 1%的水平上显著，估计系数为平均边际效应，括号内为估计系数的标准差。

四、本节小结

在理论分析的基础上，实证检验了企业基础研究与应用研究融合发展对创新产出的影响。基于泊松模型的回归结果表明，企业基础研究与应用研究的融合发展是推动创新产出的重要因素。行业与地区异质性的分析结果显示，企业基础研究与应用研究融合发展的创新产出效应在高技术制造业、生产性服务业以及市场环境完善的地区更为显著。本节还研究了高校、研究机构、企业等主体的基础研究与企业应用研究的融合所产生的影响的差异性，相较而言，高校、研究机构基础研究与企业应用研究的融合发展更能促进企业创新产出的增加。

第四章　基础研究发展的政策支撑体系

第三章的研究表明，基础研究发展能够显著推动技术创新能力的提升，加强基础研究发展对于实现中国经济的创新发展具有重大的战略意义。基础研究具有典型的公共产品属性，私人部门很难有动力实施基础研究活动，因此需要公共部门的介入，构建推动基础研究发展的政策支撑体系。因此，本章的重点研究任务就是探讨中国基础研究发展的政策支撑体系。第一节在国际比较视野下从全国层面分析中国基础研究的资助体系和公共政策。第二节基于省级层面基础研究的专项政策，探讨支撑基础研究发展的地方政策的政策路径、政策工具选择与政策评价。第三节实证检验基础研究政策能否推动基础研究发展，并探索基础研究政策对基础研究发展的影响途径。

第一节　国际比较视野下中国基础研究的资助体系与公共政策

一、资助体系

（一）中国基础研究的资助体系

中华人民共和国成立以来，中国的基础研究资助体系经历了从中科院一元主导、计划式的机构性资助到多元主体共存与博弈、具有市场性特征的项目式资助的转变（王彦雨和程志波，2011）。特别是2015年以来，国家对基础研究资助体系进行了重大调整，形成了在国家科技领导小组领导下，由科技部、中国科学院、国家自然科学基金委员会牵头，财政部、发改委等相关部门参与的基础研究资助体系（见图 4-1）。同时，资助体系通过统一的国家科技管理平台，实现资助计划的管理、协调与咨询，建立跨计划协调机制和评估监管机制。目前国家已建立六大资助计划，即国家科技重大专项、国家重点研发计划、技术创新引导专项（基金）、基地和人才专项、知识创新工程、国家自然科学基金，并成为中国基础研究经费的主要来源渠道。

由科技部牵头的资助计划为国家科技重大专项、国家重点研发计划、技术创新引导专项（基金）与基地和人才专项。国家科技重大专项是为了实现国家目标，通过核心技术突破和资源集成，在一定时期内完成重大战略产品、关键共性技术和重大工程的研发或实施，并确定了“核高基”、集成电路装备、宽带移动通信、新药创制、大型飞机、转基因等 16 个重大专项。国家重点研发计划是 2015 年国家科技计划管理改革后实施的最新科技计划，由原来科技部管理的 973 计划、863 计划、国家科技支撑计划、国际科技合作与交流专项，发改委、工信部共同管理的产业技术研究与开发资金，农业部、卫计委等 13 个部门管理的公益性行业科研专项等整合而成。在 2016 年，国家重点研发计划投入了 103.5 亿元，占全国基础研究投入的 12.6%，可见该计划是中国基础研究的重要支撑。此外，技术创新引导专项（基金）、基地和人才专项为国家基础研究的资金投入、平台建设和人才支撑提供了保障，进一步完善了基础研究资助体系。

中国科学院负责的知识创新工程也是中国基础研究资助体系的重要一环。1998 年中科院开始进行知识创新工程试点。知识创新工程的根本目的是大幅提升中科院乃至整个国家的科技创新能力。知识创新工程实施以来，中科院在一批战略性高技术、重大公益性创新和重要基础前沿研究领域取得了重大创新成果，带动了国家创新体系建设。

国家自然科学基金由 1986 年成立的国家自然科学基金委员会负责实施，目前已形成研究项目、人才项目和环境条件项目相互支撑的资助格局。国家自然科学基金为中国基础学科建设和创新性人才培养做出了重要贡献，增强了国家的源头创新能力。2017 年国家自然科学基金投入经费 298.7 亿元，占全国基础研究投入的 30.6%，说明近三分之一的基础研究经费来自国家自然科学基金。分部门来看，2017 年高校获得 235.8 亿元资助，占国家自然科学基金资助总额的 78.9%；科研机构获得 59.2 亿元资助，占比 19.8%。数据说明，98.7%的国家自然科学基金流向了高校和科研机构，而企业获得的资助仅是很小的一部分。

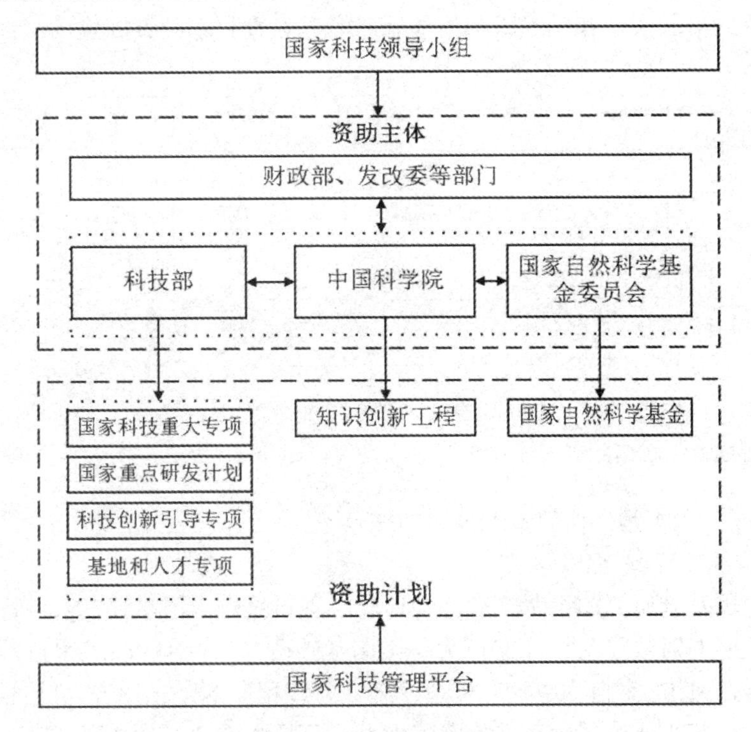

图 4-1　中国基础研究的资助体系

资料来源：作者绘制。

（二）美国基础研究的资助体系

如图 4-2 所示，美国的基础研究资助没有全国性的领导组织，采取的是“分散管理、集中协调”的资助模式，由白宫科技政策办公室、管理和预算办公室、总统科技顾问委员会、美国科学院系统等部门与机构负责基础研究的政策制定、预算安排、协调咨询等事务。美国基础研究的经费来源具有多样性，包括联邦政府、企业、高等院校、非营利性机构、地方政府等部门。基础研究经费主要流向卫生与人类服务部、能源部、国际航天航空局、农业部、国防部、国家科学基金会等部门，从而这六个部门成为美国基础研究的重要资助部门。每个部门负责各自业务领域的基础研究工作，由点及面，共同构建了美国基础研究的资助体系。例如，卫生与人类服务部资助的是生物医学方面的基础研究，能源部重点资助相关能源领域的基础研究，农业部重点资助农业方面的基础研究，国家科学基金会主要负责资助美国大学和学术机构的基础研究、教育和基础设施建设。

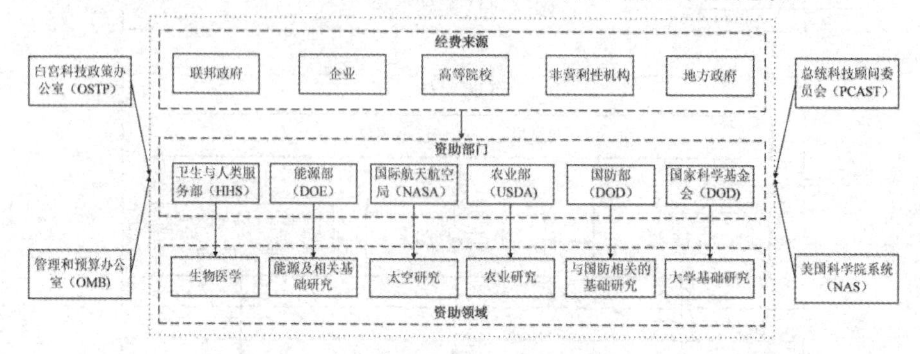

图 4-2　美国基础研究的资助体系

资料来源：作者绘制。

（三）中美基础研究资助体系的比较

1. 经费来源比较

中国基础研究的经费来源比较单一，主要来自国家财政投入，特别是中央政府的财政投入。在 2015 年，中国基础研究经费中 98.4%来自国家财政资金，91.5%来自中央财政资金（姜桂兴和程如烟，2018），可见企业、地方政府等主体对基础研究的资助极少。正是由于政府是中国基础研究的唯一资助主体，在当前的科研管理体制下就使得绝大部分研究经费流向高校或研究机构，导致企业获得的基础研究资助极少。相比之下，美国基础研究经费的来源渠道较为多元。2016 年，美国基础研究经费中来自联邦政府、企业、高校、非营利性机构、地方政府的比例分别是 43.5%、27.2%、13.6%、12.9%、2.8%（姜桂兴和程如烟，2018）。由此可见，除联邦政府外，其他主体均是美国基础研究重要资助部门。尤其值得注意的是，企业是美国基础研究的第二大资助主体，这就使得美国的基础研究能与产业进行更好的对接，消除科技与经济“两张皮”的现象，显著增强了美国企业的科技创新实力。

2. 资助部门比较

中国基础研究的资助部门主要为科技部、中国科学院、国家自然科学基金委员会等综合性部门，每个部门负责一个或多个基础研究计划的实施，每个研究计划通常包括了基础研究的多个领域，这就会导致各个研究计划之间的资助存在重叠领域。因此，中国的基础研究资助体系特别强调各个研究计划的协调性，避免重复资助的现象出现。与中国不同的是，美国基础研究的资助部门主要是各个领域的职能部门，主要为卫生与人类服务部、能源部、国际航天航空局、农业部、国防部、国家科学基金会等，这些部门负责单一领域的基础研究资助。由于各个部门的资助领域并不存在重叠，这就使得美国基础研究资助部门没有过多强调资助计划的协调性，但美国的此种资助体系有可能遗漏某些重大基础研究领域的资助，因而需要进一步统筹基础研究资源，从顶层加强基础研究的整体布局，推动美国基础研究整体水平的提升。

二、公共政策

（一）中国基础研究的公共政策

中国已经逐步建立起了较为完善的科技创新体系，并且在相关的科技创新政策中均有涉及加强基础研究的政策措施。党的十九大提出“强化基础研究”的论述后，加强基础研究就成了国家创新驱动发展战略的核心内容。2018 年 1 月，国务院率先出台了全国性的支持基础研究发展的意见。在国务院文件的基础上，同年 8 月，广东省结合自身基础研究发展的省情也颁布了加强本省基础研究的政策。进一步，广东省的深圳、广州、汕头等城市根据国务院和省人民政府的文件精神出台了支持本市基础研究发展的公共政策。由此可见，中国正在逐步形成从中央政府到省政府再到市政府的基础研究公共政策体系。

进一步，参考刘红波和林彬（2018）、宁甜甜和张再生（2014）、曾坚朋等（2019）的研究，从政策主体、目标与工具的维度分析中国基础研究的公共政策。从政策主体看，制定基础研究政策的是主体是国务院和地方人民政府，而不是科技、发改、财政等职能部门，这就提升了基础研究政策的权威性，有助于跨部门协调，统筹基础研究资源，使得基础研究政策的执行能够切实落地。

从政策目标来看，国务院颁布的文件提出了中国基础研究发展的三阶段目标：一是到 2020 年，中国基础研究水平和国际影响力显著提升；二是到 2035 年，中国基础研究水平和国际影响力大幅跃升；三是到 21 世纪中叶，把中国建设成为世界主要科学中心和创新高地。参考国务院文件的时间节点，广东省也提出了该省基础研究发展的阶段目标：一是到 2022 年，基础研究新体系基本建立；二是到 2035 年，若干基础研究领域达到国内领先；三是到 21 世纪中叶，基础研究综合实力基本达到发达国家水平。相比国务院和广东省的政策目标，深圳市的时间规划范围缩短了，但同样将目标分为三步：一是到 2022 年，基本建成现代化国际化创新城市；二是到 2025 年，基本建成国际科技产业创新中心；三是到 2035 年，建成可持续发展的全球创新创意之都。通过对不同层级基础研究政策目标的归纳，可以发现两个基本特征：一是各级政府出台的政策明确了基础研究发展的近期、中期与长期目标；二是低层级政府制定的政策目标更能贴近当地基础研究发展的现实。这也说明地方政府有必要制定本地的基础研究政策，与中央政策衔接互补，共同推动中国基础研究整体水平的跃升。

就政策工具的使用而言，借鉴刘红波和林彬（2018，2019）的研究，确定了一系列的政策工具，并据此对基础研究政策进行解读。表 4-1 报告了各层级基础研究政策工具的使用次数分布。由表可以看出，中国基础研究政策重点突出平台建设、资金支持、人才培养、开放合作、体制机制创新、科研环境改善等方面。具体而言，平台建设突出各类实验室及基础研究平台的建设与支持；资金支持方面旨在构建中央与地方政府协同互补、企业和社会力量积极参与的资金投入体系；人才建设重点在于各梯队基础研究人才的引进与培养以及高水平研究团队的支持；开放合作强调不同创新主体之间的研发合作与资源共享，以“一带一路”、粤港澳大湾区建设等为抓手的国际合作和区域合作；体制机制创新涉及科研经费管理、人才评价与激励、项目评审与资助等方面；科研环境包括知识产权保护、学术诚信建设、科学普及等内容。虽然各层级政府基础研究政策对于政策工具的应用基本一致，但在某些政策工具的使用上具有一定的倾向性，也进而体现了这些政策的特点与不足。国务院对各类政策工具的使用较为均衡，其中由于中央的目标在于提升全国基础研究的整体水平，因而颁布的政策特别强调了基础研究的学科布局和区域布局，以期实现各学科、各地区基础研究的均衡发展与特色发展。在省域层面，广东省的政策更加强调机制完善、开放合作等工具的使用。在城市层面，汕头政策工具的使用与深圳、广州等地具有一定的差异性，主要体现在三个方面：一是特别强调化学、海洋科学、医学、生命科学等领域的基础研究发展，突出重点学科布局；二是专门突出基础研究成果的转化问题；三是缺少基础设施、人才建设等政策工具的使用。

表 4-1　中国基础研究政策工具的使用次数分布

政策工具	国务院	广东	深圳	广州	汕头
学科布局	1（5%）				1（4.3%）
区域布局	1（5%）				
基础设施	1（5%）	1（3.3%）	1（3.6%）	1（9.1%）	
平台建设	3（15%）	2（6.7%）	3（10.7%）	2（18.2%）	6（26.1%）
资金支持	2（10%）	4（13.3%）	3（10.7%）	2（18.2%）	6（26.1%）
人才建设	3（15%）	4（13.3%）	6（21.4%）	1（9.1%）	
开放合作	3（15%）	7（23.3%）	5（17.9%）	2（18.2%）	3（13%）
机制完善	4（20%）	7（23.3%）	7（25%）	2（18.2%）	2（8.7%）
科研环境	2（10%）	3（10%）	3（10.7%）	1（9.1%）	3（13%）
社会参与		2（6.7%）			
研发转化					2（8.7%）

注：括号中的数字为各政策工具使用次数的百分比。

资料来源：作者整理。

（二）日韩基础研究的公共政策

日本与韩国具有较强的基础研究实力，与中国同属东亚国家，且中日韩政府在国家经济社会发展中处于主导地位，因此本节重点分析日本与韩国的基础研究政策，并将其与中国基础研究政策进行比较分析。日本与韩国鲜有专门支持基础研究的公共政策，因而本节基于两国的科学技术基本计划分析他们对基础研究的支持措施，如表 4-2 所示。

表 4-2　国际加强基础研究的公共政策

国家	时间	政策名称	政策主体	政策目标	政策工具
日本	2016 年 1 月	第五期科学技术基本计划（2016—2020）	日本内阁	增加论文总数，并提高被引论文占比	基础设施（7.1%） 平台建设（28.6%） 开放合作（42.9%） 机制完善（14.3%） 科研环境（7.1%）
韩国	2018 年 2 月	第四期科学技术基本计划（2018—2022）	国家科学技术委员会	强化研究人员领导的基础研究，培养世界上最具影响力的科学家	学科布局（5.3%） 区域布局（5.3%） 基础设施（10.5%） 资金支持（21.1%） 人才建设（5.3%） 机制完善（52.6%）

资料来源：作者整理。

注：“政策工具”一栏中括号里的数字为各政策工具使用次数的百分比。

日本内阁在 2016 年颁布了《第五期科学技术基本计划(2016—2020)》，这是日本实施的第五个国家科技振兴综合计划，代表着一定时期内日本科学技术发展的战略方向。在该计划中，专门有一章节论述了加强基础研究对日本发展的重要性，并提出了相关政策措施。通过对政策文件的解读与分析，可以发现，在政策目标方面，日本使用论文这一可量化的指标作为国家基础研究发展成效的衡量指标，在强调论文数量的同时，也特别突出论文质量。在政策工具方面，日本政府推进基础研究的政策工具主要为基础设施、平台建设、开放合作、机制完善与科研环境等，其中开放合作与平台建设是最为重要的两种政策工具。与中国政策工具的使用相比较，日本加强基础研究的措施呈现三个特征：一是淡化资金支持工具的使用，突出开放合作平台的建设；二是强调基础研究跨学科跨领域的整合，其中专门突出了医学与其他基础研究领域的融合；三是注重基础研究数据库的建设与基础研究数据的开放、共享与利用。

与日本一样，韩国同样实施了国家科学技术基本计划，以推动国家的创新发展。不同的是，韩国制定科学技术基本计划的主体为国家科学技术委员会。2018 年颁布的《第四期科学技术基本计划（2018—2022）》也突出了基础研究对国家创新发展的重要性。相较于中国和日本，韩国的基础研究政策更加强调以人为中心，其政策目标是建立以研究人员为中心的基础研究制度，并着力于培养全球最具影响力的科学家。基于这一中心思想，韩国强化了“机制完善”政策工具的使用，改革了基础研究项目的评审、资助、管理、评估体系，增强了研究人员在基础研究中权威性与自主性，使得他们更能专注于长期、高风险、高难度的挑战性基础研究。

三、本节小结

强化基础研究是党的十九大为中国建设创新型国家指明的战略方向。在国际比较视野下分析中国基础研究的资助体系和公共政策，以明确驱动中国基础研究的重点方向。研究发现，中国基础研究的资助体系特点为基础研究经费基本来源为国家科技财政资金，并由科技部、中国科学院、国家自然科学基金委员会牵头负责主要基础研究计划的资助，但各资助计划存在重复资助的可能；公共政策呈现的特征为各级人民政府是制定政策的主体，并且明确了基础研究发展的近期、中期与长期目标，政策重点突出平台建设、资金支持、人才培养、开放合作、体制机制创新、科研环境改善等方面。

第二节　地方基础研究政策的路径、工具与评价

囿于发展中的“效率驱动”逻辑（赵兰香，2017），中国在创新发展中长期采用“引进+模仿”的模式，使得我们在一定程度上忽视了基础研究的发展。以“中兴事件”和“华为事件”为代表的科技封锁，更是揭示了中国关键技术被“扼住喉咙”的客观事实（王娟和任小静，2020）。技术受限和“卡脖子”问题的根源在于基础研究薄弱。因此，为保障中国发展的质量、安全和持续性，夯实建设科技强国的基础，2018 国务院颁布了《关于全面加强基础科学研究的若干意见》，第一次从国家层面出台了发展基础研究的专项政策，随后发改委、科技部、教育部等部门联合发布了《加强从“0 到 1”基础研究工作方案》《新形势下加强基础研究若干重点举措》等重要文件，以期形成全社会重视基础研究、投入基础研究的局面。基础研究作为公共产品，其投入主体是政府部门，因此如何发挥好公共政策对基础研究发展的促进作用具有重要的意义。

在中国的政治体制下，地方基础研究政策是对中央政策的一种传达、执行与延伸（张荣馨，2020），但央地政策之间在价值取向、价值践行方面存在客观的游离性差别（石亚军和高红，2017）。研究表明地方政策直接作用于创新主体，对其创新产出的作用更为显著（王敏等，2017）。因此，地方基础研究政策的优劣程度将更大程度上影响基础研究的发展情况。那么，地方政策通过哪些方面来促进基础研究发展，即政策路径是什么？在每条政策路径上又通过哪些政策工具来实现？各地基础研究政策又表现出怎样的情况？本节拟从省级基础研究专项政策出发，遵循“路径—工具—评价”的研究思路，对上述问题展开研究。

一、分析框架

基础研究政策是促进基础研究发展的重要手段，旨在通过政策消除基础研究发展的各种障碍，引导和支持相关主体投入基础研究，促进基础研究的发展。与其他领域的政策一样，基础研究政策是具体领域的专项发展政策，有其特殊性，即基础研究政策通过哪些具体的方面来发展基础研究。因此，对基础研究政策内容的前评价分析应根据其特殊性而进行。为此，

本节构建了“路径—工具—评价”的分析框架，展开对地方基础研究政策的评价分析（如图 4-3 所示）。研究首先通过政策文本识别地方基础研究政策通过发展哪些方面来促进基础研究的发展，在此基础上建构各政策方面的关系，梳理政策路径；其次结合政策路径分析，识别各发展方面的政策工具使用情况；最后根据地方政策工具使用情况，以一定标准设置工具评价指标，同时结合其他政策评价指标形成地方基础研究政策评价指标，并依据指标对各省份基础研究政策进行量化评价。

具体来看，分析框架解决了评价合理性和评价有效性的问题。分析框架从基础研究政策的特殊性出发，落脚于地方基础研究政策文本，通过政策内部要素的识别和提取，总结地方基础研究政策的政策路径、梳理政策各路径使用的政策工具、评价工具使用的程度，分别回答“做什么”“怎么做”“做得如何”的问题，在逻辑上具有合理性。同时，这与一般使用“工具—评价”框架的研究相比，既关注了政策的特殊性又关注了政策工具使用情况。因此，通过“路径—工具—评价”框架进行的地方基础研究政策评价分析，既可以发现地方推动基础研究发展的政策整体设计情况，又可以从比较视角分析各省份基础研究政策做得好的方面和做得不好的方面，使评价更具针对性和有效性。

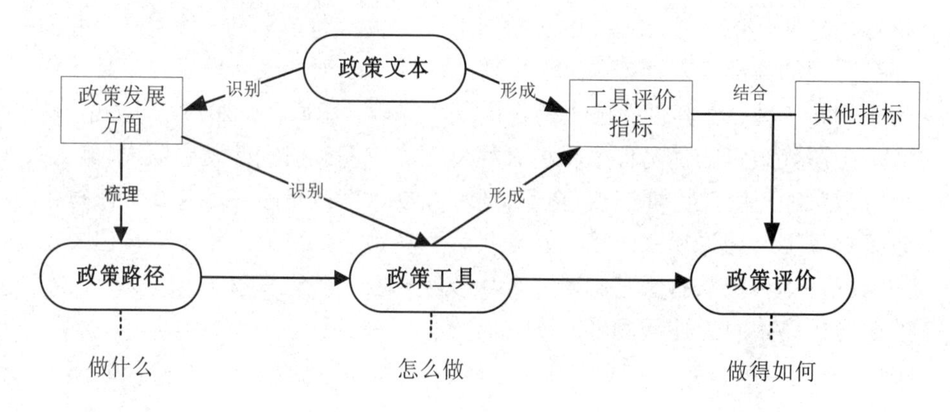

图 4-3　地方基础研究政策的分析框架

资料来源：作者绘制。

二、研究方法与数据来源

（一）研究方法

本节主要运用文本分析法和政策指数模型（Policy Modeling Consistency Index，PMC）展开研究。文本分析法被认为可以“从公开中萃取秘密”，广泛运用于政策文献研究领域（李钢和蓝石，2007）。政策文本是政府政策行为的反映，因此通过分析政策文本内容可以解读和获知政策立场、政策倾向（裴雷等，2016），还可有效识别政策使用的工具。本节将借助 Nvivo12 软件辅助开展文本分析，以梳理地方基础研究政策促进基础研究发展的政策路径以及政策工具的使用情况。

PMC 是关于政策评价的模型。模型遵循事物普遍联系的原则，认为政策的各个变量具有同等重要的地位，不存在孰轻孰重的区别，这种方式避免了政策评价中过分关注某些变量而忽视其他变量的现象，由于各变量地位一致，在评价中将所有变量视为二分变量，即政策涉及该变量则赋值为 1，否则为 0。同时，PMC 指数模型聚焦于政策本身进行评价，在全面性原则的指导下不对变量数量设限，研究者可根据具体政策的情况来建构变量，具有灵活性，这与本研究进行的政策前评价研究具有恰切性。此外，PMC 指数模型既可以对系列政策的一致性进行评价，还可对单一政策的优劣性进行有效判断，这与本研究判断各省份政策优劣情况的研究目的也具有恰切性。

（二）数据来源

省级基础研究政策对地方基础研究发展具有统领性，引导着地方基础研究发展的方向和布局。同时，本研究关注基础研究的专项政策，其他包含了基础研究内容的相关科技政策并不在本节研究范围内。因此，本研究所指的地方基础研究政策是省级层面的专项基础研究政策。由于关注的是基础研究专项政策，因此以“基础研究”“基础科学”“应用基础”等为主题检索词，选取政策题名中含有这些关键词的省级基础研究政策。最终通过北大法宝网站、各省级人民政府网站、各省科技厅网站，搜集到来自 17 个省份的 17 份基础研究专项政策文件，如表 4-3 所示。

表 4-3 省级层面基础研究专项政策列表

政策文件	发布单位	发布时间
《安徽省人民政府关于进一步加强基础科学研究的实施意见》	安徽省人民政府	2018 年
《福建省科学技术厅、福建省教育厅关于全面加强基础科学研究的实施意见》	福建省科技厅、教育厅	2018 年
《甘肃省人民政府关于全面加强基础科学研究的实施意见》	甘肃省人民政府	2018 年
《广东省人民政府关于加强基础与应用基础研究的若干意见》	广东省人民政府	2018 年
《吉林省人民政府关于全面加强基础科学研究的实施意见》	吉林省人民政府	2018 年
《辽宁省人民政府关于全面加强基础科学研究的实施意见》	辽宁省人民政府	2018 年
《内蒙古自治区人民政府关于全面加强基础科学研究的实施意见》	内蒙古自治区人民政府	2018 年
《陕西省人民政府关于加强基础科学研究的实施意见》	陕西省人民政府	2018 年
《重庆市人民政府办公厅关于印发贯彻落实国务院全面加强基础科学研究若干意见任务分工的通知》	重庆市人民政府办公厅	2018 年
《天津市人民政府关于加强基础科学研究的意见》	天津市人民政府	2018 年
《青海省人民政府关于全面加强基础科学研究的实施意见》	青海省人民政府	2019 年
《山东省科学技术厅、中共山东省委组织部、山东省教育厅等关于印发〈关于进一步加强基础科学研究的实施意见〉的通知》	山东省科技厅、教育厅、省委组织部	2019 年
《云南省人民政府关于进一步加强基础科学研究的实施意见》	云南省人民政府	2019 年
《广西壮族自治区人民政府办公厅关于印发进一步加强基础科学研究实施方案的通知》	广西壮族自治区人民政府办公厅	2019 年
《浙江省人民政府关于全面加强基础科学研究的实施意见》	浙江省人民政府	2019 年
《宁夏回族自治区科学技术厅关于印发〈关于改革自然科学基金管理加强基础科学研究的实施方案〉的通知》	宁夏回族自治区科技厅	2020 年
《四川省人民政府办公厅关于全面加强基础研究与应用基础研究的实施意见》	四川省人民政府办公厅	2020 年

资料来源：作者整理。

三、数据分析与研究发现

（一）地方政府推动基础研究发展的政策路径

地方政府推动基础研究发展的政策路径内隐于政策文本中，梳理清楚政策路径需要对政策进行文本挖掘，以明确政策在推动基础研究发展中的关键话语表达，在此基础上结合政策文件具体内容，进行归纳整理，并以一定的关系建立内容之间的联系，进而厘清政策路径。

本节首先将 17 个省份的基础研究政策文件进行合并，借助 Nvivo12 软件的词频分析功能，抓取了排名前 200 的高频关键词。删除掉与基础研究主题重复的高频词（如“基础研究”），同时删除“加强”“单位”“我省”“强化”“加快”等程度词、修饰词、无关词，保留与基础研究紧密相关的关键词，进一步合并语义相近、描述对象一致的关键词（如将“激励”合并到“鼓励”，“联合”合并到“合作”，“科学家”“人才”“院士”“博士”等合并为人才），得到 41 个高频关键词。

表 4-4　地方基础研究政策高频词及政策类属表

政策目标	频次	基础设施	频次	研究布局	频次	开放合作	频次	人才支持	频次	创新环境	频次	资助体系	频次
创新	931	实验室	286	重大	678	合作	340	人才	854	体制	284	基金	196
科技	746	基地	278	前沿	274	开放	203	培养	230	鼓励	211	经费	120
研发	701	学科	243	应用	238	协同	104	团队	185	制度	188	投入	112
技术	329	仪器	129	关键	168	交流	69	引进	99	资源	185	稳定	101
能力	153	工程	114	原始	107	国内外	41			服务	154	财政	68
一流	88									改革	142	资助	57
										数据	126		
										统筹	102		
										产权	61		
										转化	47		

资料来源：作者整理。

其次，根据整理的高频关键词，借助 Nvivo12 软件的反向查询功能，查看高频词所处的政策文本原文内容，根据具体内容对高频词进行归类，如将“创新”“科技”等归为研究目的，原因在于政策文本中与“创新”和“科技”相关且具有实际意义的内容主要包括“提升原始创新能力”“推进创新型省份建设”“颠覆性技术创新”“建成世界科技强国”“瞄准世界科技前沿”“全球影响力的科技成果”等，这些内容均与提升基础研究能力、水平等相关，属于政策目标的范畴。最终根据这一方式，将整理后的41个高频关键词整理归类为政策目标、基础设施、研究布局、开放合作、人才支持、创新环境、资助体系等七大政策类属（具体如表4-4所示）。其中政策目标指地方对本地区未来基础研究水平、研究能力、研究地位、研究成果、技术突破的预期；基础设施则是对与基础研究相关的实验室、科学装置、仪器、一流大学、一流学科等基础性资源和平台的建设；研究布局则指地方根据区域发展实情、优势和需要进行的基础研究重点领域和重点区域的布局；开放合作既指在基础研究项目推进中研究主体通过各种形式实现开放交流合作，同时也指区域间、国家间、机构间构建起合作机制以实现基础研究的共同突破，是实现基础研究发展的一种方式；人才支持则指基础研究发展所需要的各类科学家、各年龄层次的高级研究人员和高水平的实验人才，以及各类高水平的人才团队；创新环境则指利于基础研究发展的制度安排、公共服务、激励机制等；资助体系指促进基础研究发展的财政投入、税收优惠、科技金融、社会资助等。

最后，为确定七大政策类属能概括所有的地方基础研究政策的情况，将17个省份的基础研究政策再分别导入Nvivo12，经过数据整理保留每个省（市）政策排名前20的高频关键词，发现并没有出现新的高频关键词，再结合政策原文进行内容核对，所有政策内容均可由七大类属进行概括，说明本研究对地方基础研究政策内容的类属概括是合理的。

七大政策类属即地方发展基础研究的主要关注点，也是构成地方基础研究政策推动基础研究发展的主要方面，表明地方基础研究政策主要是通过这7个方面来促进基础研究的发展。因此本节围绕“地方基础研究发展”这一政策命题，根据7大政策类属的特征，建立起了7大政策类属之间的联系，从而厘清地方基础研究政策推动基础研究发展的路径，最终得到了图4-4所示的政策路径图。

由图4-4可知，第一，地方基础研究政策的7大政策类属分别属于导向要素、资源要素、结构过程要素、保障要素和产出要素，其中政策目标既是导向要素又是产出要素，基础设施和人才支持构成了资源要素，研究布局和开放合作构成了结构过程要素，创新环境和资助体系构成了保障要素。

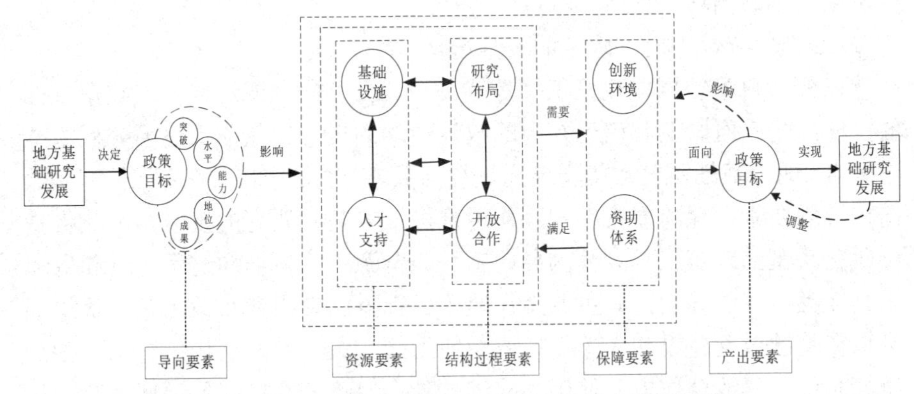

图 4-4　地方政府推动基础研究发展的政策路径图

资料来源：作者绘制。

第二，资源要素、结构过程要素和保障要素构成了基础研究发展的“黑箱”。“黑箱”中 6 个政策方面的运转情况直接决定了基础研究目标的实现程度。具体来看，资源要素提供基础研究发展所需要的各类实验室、平台、装置及人才，是促进基础研究发展的前提条件。结构过程要素强调如何实现资源性要素的组合运用，如对关键领域布局和对开放合作方式的倡导，其主要作用是将资源要素以一定的方式运用起来。同时资源要素和结构过程要素中的各要素相互作用，影响彼此的功能发挥，如基础设施与人才支持之间：基础设施建设情况影响基础研究人才的集聚，而新建基础设施布局也受已有人才情况的影响。资源要素和结构过程要素组成了基础研究发展的“生产车间”，保障要素则是确保“生产车间”能有效运转的关键要素。保障要素通过基础研究体制机制改革、加强知识产权保护、建立决策咨询服务等有关基础研究环境的政策措施，保障基础研究有良好的创新环境支持；同时，保障要素也通过建立多元、持续的资助体系为研究机构和研究人员开展基础研究、转化基础研究成果提供资金保障。

第三，根据以上分析及路径图，可将地方基础研究政策促进基础研究发展的路径概括为：地方基础研究发展的需要决定了地方基础研究政策的目标，在目标的导向下通过由资源要素、过程要素和保障要素组成的基础研究发展“黑箱”作用于政策目标的各组成层面，从而促进地方基础研究的发展。经历一定时期的发展，随着地方基础研究发展情况的变化，政策目标会做出调整，进而影响“黑箱”内各要素变化，并再次作用于政策目标，以此不断循环。

（二）地方基础研究政策的工具选择

在公共政策领域，政策工具是解决某一公共问题或达成一定政策目标的手段，是政府影响和治理社会的政策活动的集合。从前文路径分析的结果来看，地方基础研究政策主要通过导向要素（也是产出要素）、资源要素、结构过程要素、保障要素的相互作用推进地方基础研究的发展，因此将基础研究政策的政策工具划分为导向工具、资源工具、结构过程工具和保障工具 4 类，其中导向工具主要指在政策目标方面使用的政策工具，资源工具指在基础设施建设和人才支持方面使用的政策工具，结构过程工具指在研究布局和开放合作方面使用的政策工具，保障工具指在创新环境营造和资助体系建设方面使用的政策工具。在工具划分的基础上，围绕 7 个政策类属详细阅读 17 份地方基础研究政策，对每一政策类属下的政策工具进行编码统计（对某一政策工具在同一项政策中只统计一次），最终情况如表 4-5 所示。

表 4-5　地方基础研究政策的政策工具使用情况表

类型	作用方面	具体工具	数量	百分比
导向工具	政策目标	政策对基础研究近期、中期、长期等多方面的具体发展目标的规划和预期	35	4.20%
资源工具	基础设施	包括基础研究的实验室、孵化器、科学装置、学校学科及其他相关平台建设等方面的建设工具	97	11.63%
	人才支持	关于基础研究人才和研究团队的培养、培训、引进，以及如何留住人才、用好人才的相关工具	131	15.71%
结构过程工具	研究布局	对基础研究区域创新功能区、重点发展领域、拟解决的关键问题、学校学科发展等做出的布局	114	13.67%
	开放合作	便利基础研究主体开展国际合作、区域合作、跨组织合作、跨学科合作等的工具支持	135	16.19%
保障工具	创新环境	为基础研究创造良好研究环境的工具，包括“放管服”改革、共享制度建设、评价制度改革、经费管理改革、咨询服务制度、知识产权保护、宽容失败机制等的建设	227	27.22%
	资助体系	对国家财政投入、科技金融、研究资金投入，满足相关主体从事基础研究的财政补贴、风险补偿、税收优惠等政策工具	95	11.38%

资料来源：作者整理。

从表 4-5 情况来看，17 份地方基础研究政策共计使用了 834 项政策工具，其中导向工具 35 项（占比 4.20%），资源工具 228 项（占比 27.34%），结构过程工具 249 项（占比 29.86%），保障工具 322 项（占比 38.60%）。由以上数据可得出以下结论。

第一，地方基础研究政策在政策工具使用上呈现保障工具＞结构过程工具＞资源工具＞导向工具的情况，反映出塑造良好的基础研究科研环境及建立起完整的资助保障体系是地方基础研究政策最为关注的政策活动。

第二，资源工具和结构过程工具使用的比重仅相差 2.52%，两者总体上实现了平衡，说明在基础研究“生产车间”的建设方面，地方基础研究政策既关注基础资源的投入，也关注资源的有效使用，避免了两者之间偏废所带来的低效率。

第三，政策工具使用排前 3 的方面分别是创新环境、开放合作和人才支持，三者合计使用了 59.12%的政策工具。由此可知，其一，破除基础研究体制机制障碍，建立符合基础研究发展规律的评价制度、服务制度、管理制度、研究制度，塑造良好的创新环境是地方基础研究政策的第一重点，这对解决中国长期存在的基础研究的制度障碍具有针对性（曾明彬和李玲娟，2019）。其二，在创新复杂性显著增强的当代，基础研究解决关键技术、重大科学问题的难度更是显著增强，在此情境下需要以开放合作的方式聚集创新能力，从而实现创新突破（宋潇，2021）。地方基础研究政策以 16.19%的政策工具倡导以开放合作方式展开基础研究，符合当前中国基础研究领域对跨学科合作、国际交流合作等的现实需要（董金阳等，2021）。其三，基础研究人才是基础研究发展的核心资源。从人才工具的使用量来看，解决基础研究的人才问题是地方基础研究政策的重要关注点。具体来看，政策对基础研究发展所需的领军人才、后备人才、实验技术人才以及研究团队的培养、引进、留用采用了多方面的政策工具，如对基础研究人才采用倾向性的待遇、倾向性的奖励等予以支持，同时在区域内实行人才自由流动机制、建立自由探索制度，给予了人才充分的研究空间。这些人才工具的运用体现了政策对基础研究规律和人才的尊重，同时在一定程度上也反映了在基础研究人才方面各地展开了对人才的争夺。

（三）地方基础研究政策的评价

政策路径研究回答了地方基础研究政策推动基础研究发展的逻辑，工具选择研究则回答了采用何种政策活动来实现基础研究的发展，以上两方面的研究聚焦的是整体层面，而各省份的基础研究政策表现如何，有何差异，并未得到反映。为此，接下来本节将通过 PMC 指数模型展开对各省份政策的评价，为进一步优化地方基础研究政策提供参考。

1. PMC 指数模型评价指标建立

第一，由于地方基础研究政策从政策目标、基础设施、人才支持、研究布局、开放合作、创新环境和资助体系七个方面来推动基础研究发展，因此将这七个方面作为 PMC 的一级评价指标。同时，考虑到政策颁布部门地位差异、政策文件类型差异和扩散程度差异等情况，参考已有研究经验（胡峰等，2020；史鹏飞等，2020），设置政策影响、执行效力和扩散程度 3 个一级指标，最终形成了如表 4-6 所示的一级指标体系。

第二，通过对政策文本的编码，发现在一级指标下面，基础研究政策还具有不同维度的措施，因此进一步对一级指标进行分解，如将政策目标分解为近期目标、中期目标和长期目标，最终形成了 29 个二级指标体系。

第三，已有基于 PMC 模型的政策评价文献只将指标设计到二级指标，但有时这并未将政策传达的信息全部考察到，有违 PMC 指标建立的全面性原则。如政策目标的评价中，通常只要某一项政策有涉及近期目标规划，已有研究就认为该指标的得分为 1，然而这种方式忽略了近期目标也由多项目标构成，如通过对地方基础研究政策目标的编码分析发现，近期目标包括发展水平目标、创新成果目标、人才发展程度目标、经费投入目标、一流高校或学科建设目标等，如果一项基础研究政策只涉及人才发展程度目标就得分为 1，显然没有对政策传达的信息进行全面反映，因此本节在部分二级指标下设计了三级指标，最终获得了 77 个三级指标体系。为客观反映不同省份存在的客观差异，我们对三级指标的得分标准进行了设置，如近期目标中对研发经费投入目标的规划，有的省份进行了定量化的规定（如要求基础研究经费投入达到研发经费投入的 8.5%），有的省份则表述为加大基础研究经费投入，显然前者的约束力要大于后者，因此前者得分为 1，后者不得分。

表 4-6　地方基础研究政策 PMC 指数模型指标体系

一级指标	二级指标	三级指标
研究目标（X_1）	近期目标（X_{1-1}） 中期目标（X_{1-2}） 长期目标（X_{1-3}）	水平（X_{1-1-1}）、成果（X_{1-1-2}）、人才（X_{1-1-3}）、经费（X_{1-1-4}）、设施（X_{1-1-5}）、一流学校及学科（X_{1-1-6}）（中期与长期目标的三级指标与近期的一致）

续表

一级指标	二级指标	三级指标
研究布局（X_2）	区域布局（X_{2-1}）	区域创新功能区（X_{2-1-1}）
	领域布局（X_{2-2}）	优势领域（X_{2-2-1}）、原始创新（X_{2-2-2}）、科学问题（X_{2-2-3}）、学科发展（X_{2-2-4}）
基础设施（X_3）	国家实验室（X_{3-1}）	新建规划（X_{3-1-1}）、已有建设（X_{3-1-2}）、引进计划（X_{3-1-3}）
	省级实验室（X_{3-2}）	新建规划、（X_{3-2-1}）、已有建设（X_{3-2-2}）、建设方案（X_{3-2-3}）
	其他平台设施（X_{3-3}）	科学装置建设、（X_{3-3-1}）、其他孵化平台（X_{3-3-2}）
开放合作（X_4）	国际合作（X_{4-1}）	项目合作（X_{4-1-1}）、人才合作（X_{4-1-1}）、共建研究机构（X_{4-1-1}）、成果转化合作（X_{4-1-1}）
	区域合作（X_{4-2}）	（区域合作与国际合作三级指标一致）
	其他合作（X_{4-3}）	产学研合作（X_{4-3-1}）、跨学科合作（X_{4-3-2}）
人才支持（X_5）	人才引培（X_{5-1}）	领军人才（X_{5-1-1}）、后备人才（X_{5-1-2}）、实验人才（X_{5-1-3}）
	团队引培（X_{5-2}）	团队建设方式（X_{5-2-1}）、团队建设方向（X_{5-2-2}）、团队引进规划（X_{5-2-3}）
	配套服务（X_{5-3}）	倾向性待遇（X_{5-3-1}）、项目倾向支持（X_{5-3-2}）、自由流动机制（X_{5-3-3}）、倾向性奖励（X_{5-3-4}）
创新环境（X_6）	服务环境（X_{6-1}）	放管服改革（X_{6-1-1}）、成果转化（X_{6-1-2}）、咨询服务（X_{6-1-3}）
	共享环境（X_{6-2}）	平台共享（X_{6-2-1}）、设备共享（X_{6-2-2}）、数据共享（X_{6-2-3}）
	研究环境（X_{6-3}）	分类评价（X_{6-3-1}）、科学氛围（X_{6-3-2}）、知识产权保护（X_{6-3-3}）、容错机制（X_{6-3-4}）、研究自主权（X_{6-3-5}）
	制度环境（X_{6-4}）	科研管理改革（X_{6-4-1}）、经费管理改革（X_{6-4-2}）、跨部门协调机制（X_{6-4-3}）、跨区域协调机制（X_{6-4-4}）、政策落实监管（X_{6-4-5}）、跟踪评价（X_{6-4-6}）、科研诚信（X_{6-4-7}）
资助体系（X_7）	分配体系（X_{7-1}）	财政补助（X_{7-1-1}）、风险补偿（X_{7-1-2}）、税收优惠（X_{7-1-3}）、知识增值分配（X_{7-1-4}）
	投入体系（X_{7-2}）	科技金融（X_{7-2-1}）、企业投入（X_{7-2-2}）、长期预算（X_{7-2-3}）、社会捐赠激励（X_{7-2-4}）
政策影响（X_8）	省政府发文（X_{8-1}）	$X_{8-1}=1$
	省政办发文（X_{8-2}）	$X_{8-2}=0.67$
	其他省厅发文（X_{8-3}）	$X_{8-3}=0.33$
执行效力（X_9）	通知（X_{9-1}）	$X_{9-1}=1$
	意见（X_{9-2}）	$X_{9-2}=0.5$

续表

一级指标	二级指标	三级指标
扩散程度（X_{10}）	市级出台专项政策和被其他政策引用（$X_{10\text{-}1}$）	$X_{10\text{-}1}=1$
	市级出台专项政策（$X_{10\text{-}2}$）	$X_{10\text{-}2}=0.67$
	被其他政策引用（$X_{10\text{-}3}$）	$X_{10\text{-}3}=0.33$
	未被引用（$X_{10\text{-}4}$）	$X_{10\text{-}4}=0$

资料来源：作者自制。

2. PMC 指数计算

按照表 4-6 建立 PMC 投入产出表，并根据以下方式计算各省份基础研究政策 PMC 值。

对于 X_1 到 X_7 七个包含有三级指标的一级指标值的测算，根据三级指标的评价标准，文本信息符合评价标准的政策在该项上即得分，否则不得分，具体的赋值标准按公式(4-1)进行。根据三级指标得分，依据公式(4-2)计算某一个二级指标的值。根据公式（4-2）得到的值，依据公式（4-3）计算一级指标的值。

$$X\sim N=\left[0,1\right] \tag{4-1}$$

$$X_{ij}=\frac{\sum_{k=1}^{s}X_{ijk}}{s}?\frac{1}{c} \tag{4-2}$$

$$X_i=\sum_{j=1}^{c}X_{ij} \tag{4-3}$$

$$PMC=\sum X_i \tag{4-4}$$

其中，i 表示一级指标，j 为二级指标，c 为某一级指标下包含的二级指标数量，X_{ij} 为二级指标的值，X_i 为一级指标的值。

根据每个省份只颁布了一项省级层面的基础研究政策，以及 X_8、X_9、X_{10} 下的二级指标存在程度差异且具有排他性的具体情况，X_8、X_9、X_{10} 三个一级指标则根据政策具体对应的二级指标得分情况进行取值（二级指标得分如表 4-6 所示），如甘肃省的基础研究政策由甘肃省人民政府颁布、以意见的形式下发、市级层面也出台了专项政策，因此甘肃省在这三项一级指标的值则分别等于表 4-6 中 X_{8-1}、X_{9-2}、X_{10-2} 的值。计算完所有的一级指标值后，根据公式（4-4）对所有的一级指标值求和得到某一项基础研究政策的 PMC 值。

在评分的基础上，根据 Estrada（2011）的等级划分标准，对各地区基础研究政策的政策等级进行划分，划分标准为：完美级 10 分、优秀 9—9.99 分、良好 7—8.99 分、合格 5—6.99 分、不良 0—4.99 分。最终各地区的 PMC 值及评级情况如表 4-7 所示。

表 4-7　地方基础研究政策 PMC 值及评级

地区	政策影响	执行效力	扩散程度	研究目标	研究布局	基础设施	开放合作	人才支持	创新环境	资助体系	PMC 值	政策评级
广东	1.00	0.50	1.00	0.78	1.00	1.00	1.00	1.00	0.93	0.88	9.08	优秀
浙江	1.00	0.50	0.33	0.61	1.00	1.00	1.00	0.78	0.69	1.00	8.08	良好
吉林	1.00	0.50	0.00	0.72	1.00	1.00	0.83	0.92	0.93	0.75	7.65	良好
青海	1.00	0.50	0.33	0.44	0.88	1.00	0.92	0.81	0.81	0.75	7.61	良好
安徽	1.00	0.50	1.00	0.44	0.88	0.78	0.75	0.81	0.89	0.38	7.42	良好
山东	0.33	1.00	0.00	0.56	1.00	1.00	1.00	0.81	0.64	0.88	7.21	良好
陕西	1.00	0.50	0.33	0.44	0.75	0.67	1.00	0.72	0.78	0.75	7.11	良好
甘肃	1.00	0.50	0.67	0.33	0.88	0.72	0.67	0.72	0.73	0.75	7.05	良好
四川	0.67	0.50	0.00	0.33	1.00	1.00	0.83	0.89	0.85	0.88	6.94	合格
广西	0.67	1.00	1.00	0.28	0.50	0.72	0.67	0.58	0.71	0.75	6.87	合格
辽宁	1.00	0.50	0.00	0.33	1.00	1.00	0.92	0.92	0.63	0.50	6.80	合格
天津	1.00	0.50	0.33	0.39	0.38	0.78	0.83	0.81	0.73	0.50	6.41	合格
云南	1.00	0.50	1.00	0.33	0.38	0.89	0.83	0.50	0.55	0.38	6.35	合格
内蒙古	1.00	0.50	0.33	0.44	0.50	0.61	0.83	0.67	0.75	0.50	6.30	合格
重庆	0.67	1.00	0.00	0.33	0.50	0.83	0.58	0.81	0.75	0.75	6.22	合格
福建	0.33	0.50	0.00	0.22	1.00	0.89	0.67	0.61	0.55	0.50	5.28	合格
宁夏	0.33	1.00	0.00	0.17	0.50	0.50	0.75	0.81	0.34	0.50	4.90	不良
平均	0.82	0.62	0.37	0.42	0.77	0.85	0.83	0.77	0.72	0.67	6.84	合格

资料来源：作者计算。

3. PMC 曲面图绘制

曲面图可以比 PMC 指数更加直观地呈现政策在各个维度上的表现，

同时还可以通过曲面的凹凸情况与平均凹凸度①，考察政策的内部一致性水平和结构合理性水平。本节剔除了不是政策本身因素的 X_{10}，将余下的 9 个一级指标代入公式（4–5）形成 3×3 曲面矩阵，最后通过矩阵对各项政策的曲面图进行绘制。本节选取了 17 个省份的平均 PMC 值、得分最高的广东、得分最低的宁夏、处于良好等级中间水平的安徽、处于合格等级中间水平的天津以及得分刚好合格的福建进行曲面图展示（如图 4–5 所示）。若曲面图越平滑则说明政策的一致性水平越高，政策在不同方面的发展力度较为平衡；若曲面图凹凸幅度越大则表明政策的一致性水平越差，政策在不同的方面存在发展力度的水平差异。

$$PMC(\text{曲面}) = \begin{bmatrix} X_1 & X_2 & X_3 \\ X_4 & X_5 & X_6 \\ X_7 & X_8 & X_9 \end{bmatrix} \tag{4-5}$$

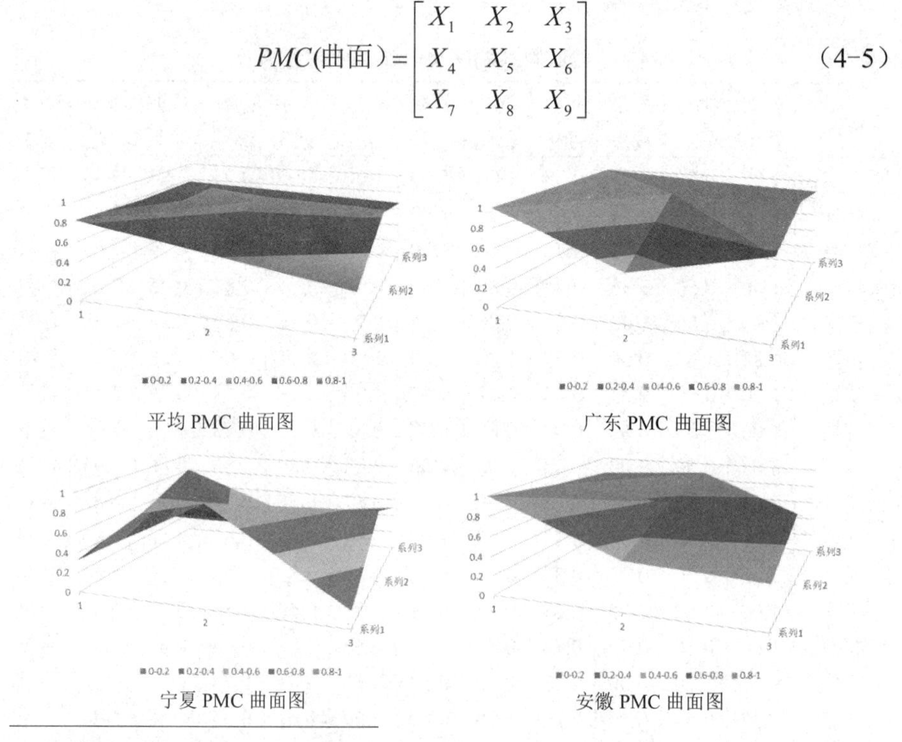

平均 PMC 曲面图　　广东 PMC 曲面图

宁夏 PMC 曲面图　　安徽 PMC 曲面图

① 平均凹凸度衡量的是政策内部的平均差异水平，其值为各项一级指标值与一级指标最大值的离差绝对值和的算数平均数，值越大则政策的内部差异越大，政策的结构就越不合理。由于“扩散程度”不属于政策本身因素，故排除，然后进行计算。经计算平均凹凸度分别为：广东(0.10)、浙江(0.16)、吉林（0.15）、青海（0.21）、安徽（0.29）、山东（0.20）、陕西（0.27）、甘肃（0.30）、四川（0.23）、广西（0.35）、辽宁（0.24）、天津（0.34）、云南（0.41）、内蒙古（0.36）、重庆（0.31）、福建（0.41）、宁夏（0.46）。根据平均凹凸度可对政策的结构合理等级进行划分：结构合理（0—0.10）、结构合格（0.11—0.20）、结构不良（0.21—1）。

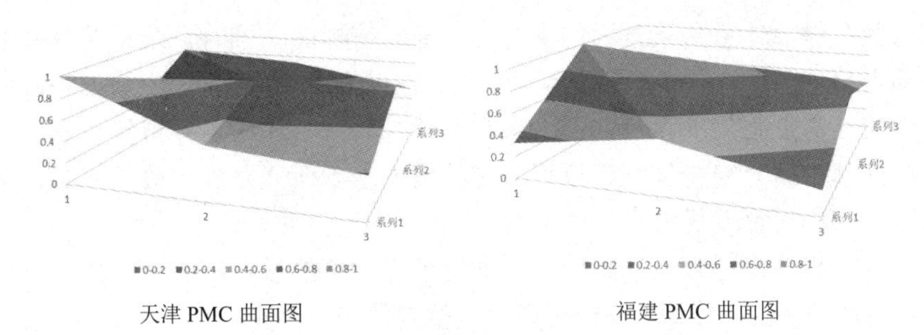

天津 PMC 曲面图　　　　福建 PMC 曲面图

图 4-5　不同等级代表性省份及全国平均水平 PMC 曲面图

资料来源：作者绘制。

4. 政策评价结果分析

根据 PMC 指数值，中国地方基础研究政策的整体情况如下。

第一，地方基础研究政策可划分为优秀、良好、合格、不良四个等级。广东为优秀级，浙江、吉林、青海、安徽、山东、陕西、甘肃为良好级，四川、广西、辽宁、天津、云南、内蒙古、重庆、福建为合格级，宁夏为不良级。

第二，地方基础研究政策平均水平处于合格级。地方基础研究政策的总体 PMC 平均值为 6.84，处于合格水平且接近于良好水平，表明地方基础研究政策总体处于可接受范围。

第三，地方基础研究政策平均结构水平较为合理。从图 4-5 中平均 PMC 曲面图的形态看，虽然整体评价等级为合格级，但曲面整体较平滑，说明从 17 个省份平均水平来看，基础研究政策的内部一致性较高，政策在内部各方面的发展力度较为均衡，结构较为合理。

第四，政策内部一致性水平随评级下降呈降低趋势。从图 4-5 各省份曲面图的凹凸程度及平均凹凸度值可知，伴随政策评级从优秀级到不良级，曲面图的凹凸程度呈上升趋势，表明随着政策评级水平降低，政策的内部一致性水平和结构合理水平呈整体下降趋势。

第五，地方基础研究政策还具有较大的改善空间。17 个省份基础研究政策平均 PMC 值为 6.84，与完美政策相差 2.16，说明还具有较大的提升空间。具体来看，当前地方基础研究政策总体上对研究布局、基础设施、开放合作、人才支持等方面较为关注，四方面的平均得分为 0.805，而在资助体系和创新环境两项上的平均分为 0.695 分，说明总体上地方基础研究政策在保障体系要素方面的支持力度还有待提高。同时，政策扩散程度方面得分为 0.37 分，政策目标方面得分也仅为 0.42 分，说明地方基础研究政策还需加强目标设计的前瞻性和具体性，同时还应引导市级政府出台相应的基础研究支持计划，以形成支持地方基础研究发展的政策网络，确保地方基础研究发展有良好的环境。

进一步，根据政策评级情况，结合各省 PMC 投入产出表，按照评级结果分类分析 17 个省份基础研究政策的具体情况。

第一，优秀级政策。广东省的基础研究政策评分为 9.08 分，是唯一的优秀级省份。广东省可在研究目标、创新环境和资助体系三方面重点突破，以进一步提升基础研究政策的水平。广东省基础研究政策在长期目标规划中对人才发展水平、基础设施建设、研发经费投入以及一流学校和学科的规划还存在不足；在基础研究的创新环境方面关于政策制定、执行的跨部门合作、跨部门协调的建设还未有明确的建设规划；在资助体系中则应加强对企业开展基础研究的风险保障和风险补偿机制设计，以推动企业从事基础研究。

第二，良好级政策。有 7 省的基础研究政策评级为良好级，7 省平均 PMC 得分为 7.45 分。从总体看，良好级的政策在研究布局、基础设施建设和开放合作支持方面均有较高得分，平均分在 0.88 以上，而在政策的扩散程度、研究目标、人才支持、创新环境、资助体系方面的平均得分相对较低。具体来看，扩散程度平均得分仅为 0.38 分，说明还未形成支持基础研究发展的政策网络体系。研究目标方面，除吉林省以外，其余各省均未对基础研究政策的长期目标进行规划，且多数政策在政策目标设置上均采用相对模糊的表述，政策目标的约束力并不强。人才目标方面，青海、山东、浙江三省对实验技术人才的支持尚显重视程度不足，陕西、浙江两省对基础研究团队的建设方向还比较模糊；吉林、甘肃、山东三省还未放开基础研究人才的自由流动的管制；安徽、甘肃、陕西三省应尽快布局基础研究人才的专项奖励机制。创新环境方面，甘肃、青海、山东、浙江四省应加强重大科学决策咨询制度的建设；甘肃应积极探索建立基础研究分类评价制度，同时加强基础研究科学氛围的营造；陕西则应重视建立基础研究容错机制；吉林、山东、浙江还未对促进发展基础研究的部门分工做出具体规定；安徽、青海、山东三省则忽视了基础研究跟踪评价制度的探索；此外，除山东外，所有省份对基础研究政策落实的监管制度均未给予足够重视。资助体系方面，所有省份对基础研究的科技金融、企业投入、长期预算、社会捐赠制度进行了规定，说明各省都重视基础研究投入体系的建设。但在分配体系方面还存在较大问题，如安徽、甘肃、青海尚未对知识增值分配制度给予重视；而除山东、浙江外，其余各省对企业开展基础研究的风险补偿机制均未提及。

第三，合格级政策。8 项合格级地方基础研究政策的平均 PMC 值为 6.39，低于总体 6.84 的平均值，其中仅四川和广西的 PMC 值大于总体平均值。同时，从十个方面的具体值来看，除执行效力以外，其余项均低于总体平均值，说明合格级地方基础研究政策总体水平较低，需要各省份出台相关配套支持政策予以完善。进一步分析数据可知，合格级地方基础研究政策最重视基础研究基础设施的建设，该项平均得分为 0.84，其次为政策影响（0.79）、开放合作（0.77）与人才支持（0.72），其余项的平均得分均低于 0.7 分。具体到政策的各个方面，合格级地方基础研究政策呈现以下情况。研究目标方面，除天津市以外，其余各省份均未对基础研究的长期发展目标进行规划，其中四川、福建、广西、辽宁对中期目标也未进行规划，此外，广西的规划仅到 2022 年，只做了 4 年的基础研究发展规划，规划周期过短；从目标表述来看，多数省份仅对基础研究的发展水平和创新成果做出预期，而对人才发展目标、研发经费投入目标、基础设施建设目标以及一流学科和高校建设目标均未做出预期，与优秀级和良好级政策的目标规划差距较大。扩散程度方面，与良好级政策的扩散程度情况一致，均未形成支持基础研究发展的政策网络体系。研究布局方面，重庆、云南、广西、内蒙古和天津均未对本地区域内的基础研究创新功能区进行规划，这与良好级和优秀级省份全部做出规划的情况相比，存在较大的差距。基础设施方面，福建、云南、内蒙古、天津四地应加强支持力度吸引国家实验室在当地设立分支机构；同时，广西、内蒙古还应加强力度建设符合本地区重点领域需求的省级基础研究实验室。开放合作方面，所有省份均对以产学研合作和跨学科合作开展基础研究提供了政策支持，但除辽宁以外，其余各省份均未对以国际合作和区域合作的方式开展基础研究成果转化提供政策支持，这也是合格级政策与优秀级和良好级政策有较大差异的地方。人才支持方面，四川、福建、云南、广西四地缺乏实验技术人才引培的计划；重庆、云南、广西、内蒙古、天津五地对重点领域的基础研究科研团队的建设计划较为模糊；同时，从政策情况看，福建、云南、广西三地应进一步出台提高基础研究科研人员待遇的方案。创新环境方面，各省份均重视对基础研究共享环境的营造，但均忽视了基础研究政策执行的监管制度；同时，除四川、福建以外，其余省份均忽略了基础研究跨区域协调制度的建设。在“放管服”改革、成果转化、决策咨询服务、知识产权保护、研究自主权放权方面，各省市或多或少均存在疏漏。资助体系方面，所有省份均重视财政补助、科技金融、激励企业投入等制度的建设，但在风险补偿和知识增值分配制度的建设上存在较大漏洞，如风险补偿方面仅四川进行了明确规定，知识增值分配制度仅广西做出了制度建设。此外，福建、云南、广西应加强税收优惠制度的建设，云南还应建立支持基础研究发展的长期预算制度。

第四，不良级政策。宁夏的基础研究政策是唯一评级为不良的，结合宁夏 PMC 投入产出表，发现宁夏基础研究政策存在以下问题。研究目标方面，仅有近期目标规划，且近期目标仅对发展水平、创新成果和人才目标做出了较模糊的预期。研究布局方面，缺乏本省基础研究创新功能区的布局。基础设施方面，在国家实验室和省级实验室建设方面与评价较高的政策差距较大。创新环境方面，在服务环境、共享环境、研究环境和制度环境的塑造方面均存在较大漏洞，特别是共享环境方面，政策并未涉及。资助体系方面，在风险补偿制度、税收优惠制度、知识增值分配制度以及社会捐赠制度方面，政策并未有相关的建设规划，说明宁夏的基础研究政策资助体系还极不完善。总体来看，在 77 个三级指标中，宁夏有 40 项没有得分，失分率达到 51.95%。因此，从以上情况来看，宁夏还需根据省域情况，出台更加完善的基础研究政策，应特别注意政策目标的设计、创新环境的营造以及基础设施的建设和资助体系的完善。

四、本节小结

本节基于 17 个省级基础研究专项政策，从政策路径、政策工具、政策评价三个层面展开了地方基础研究政策的研究。在政策路径方面，研究发现，地方基础研究政策总体上从政策目标、基础设施、人才支持、研究布局、开放合作、创新环境和资助体系七个方面促进基础研究发展。政策目标起导向性作用，影响其他六方面的布局。基础设施和人才支持提供基础研究发展的基础资源，研究布局与开放合作解决如何运用基础资源的问题，创新环境和资助体系则为用好基础资源提供保障。在政策工具方面，研究发现，总体上地方基础研究政策在政策工具使用上呈现保障工具＞结构过程工具＞资源工具＞导向工具的情况，具体到基础研究七个方面的政策工具使用情况则为：创新环境＞开放合作＞人才支持＞研究布局＞基础设施＞资助体系＞研究目标。因此，塑造良好的基础研究环境是地方基础研究政策的第一重点。在政策评价方面，研究发现，17 个省份基础研究政策可分为优秀级、良好级、合格级、不良级，整体水平为合格级。

第三节　基础研究专项政策的效果与作用机制

技术借用、创新学习和自主创新是后发国家实现创新发展的三大路径（路风和慕玲，2003；Cohen 和 Levinthal，1990；李慧敏和陈光，2022）。经过几十年的学习和追赶，中国与世界前沿科技差距显著缩小，在某些领域已步入前沿科技的“无人区”，同时，近年来愈演愈烈的技术封锁收窄了创新借用和创新学习的空间。在此背景下，中国创新发展须转向系统性的自主创新，而基础研究是打开自主创新大门的关键“钥匙”（江诗松等，2012），因此，推动基础研究实现突破对建构自主创新能力具有重大意义。基于此，2018 年颁发的《国务院关于全面加强基础科学研究的若干意见》（以下简称《国务院意见》），将“大幅提升自主创新能力”作为核心目标，此后，国家还陆续颁发了《加强从“0 到 1”基础研究工作方案》《新形势下加强基础研究若干重点举措》等重要文件等多份重要文件，形成了国家层面的“1+X”政策体系，以更好更快地实现基础研究突破。综上，在中国创新发展面临前沿技术差距缩小、关键技术“卡脖子”和自主创新能力不足等情况下（孙早和徐薛璐，2017），发展基础研究已经成为政策推动创新发展的重要着力点。

政策是政府介入基础研究发展的主要手段，那么，政策是否有效推动了基础研究发展？在产业政策领域，关于产业政策是否有效一直存有争议，拥护者认为产业政策有效，是必不可少的支持，反对者认为受限于认知局限和扭曲的激励机制，产业政策会阻碍创新，将注定失败（余明桂等，2016）。与产业政策领域的争论相似，科学研究领域也长期存有此类争议，主要包括以下两派观点。一是以基莱（Kealey，1996）为代表，主张科学技术发展的市场内生说，倡导基础研究发展的“政府无效论”，他们认为政府通常在科学上无知、短视和缺乏科学素养，介入行动将扭曲科学市场，使科学研究丧失自由探索的精神，进而形成研究的无效或低效。如李（Lee）等（2017）的研究认为，自 1995 年日本颁布《科学技术进步法》以来，日本研究人员转向了那些更受政府欢迎和短期的研究主题，而不是那些具有挑战性和周期长的研究主题，这是 20 世纪 90 年代中期后，日本科学引文索引（Science Citation Index，SCI）论文影响力下降的重要原因。二是以布什（Bush，1945）为代表的学者们，主张政府应该介入科学研究且认为介入有效，他们从公共产品论、市场失灵论、系统失效论、委托—代理论等理论角度批判了市场内生说，认为完全依靠市场和创新系统自主选择的发展方式并不能实现基础研究的有效发展（刘立，2011），承认政府政策对基础研究发展具有基础性支撑作用，如 Pavitt（1998）的研究发现，美国的直接资助、研发人员培训、基础设施建设等支持政策推动了美国基础研究的发展；布林德（Blind，2012）基于 21 个经合组织国家数据，发现政府实施的学术专利政策、鼓励竞争的措施对市场部门投资基础研究的行为具有正向影响作用。从以上两方面争论及其实证研究结果看，至少国外研究对基础研究政策的有效性尚未达成一致。

具体到中国情景的研究，现有文献阐释了基础研究对应用转化、经济增长的促进效应（杨立岩和潘慧峰，2003；黄群慧和贺俊，2015），主要关注点是将基础研究发展作为前因变量考察基础研究对企业创新、区域创新的影响。尽管此类研究为推动基础研究发展提供了客观证据，但现有研究并未对基础研究发展的前因要素进行广泛的实证研究，其中政策层面的实证研究尤为不足。随着基础研究发展的迫切性大幅提升，学者们开始从相关政策角度切入探讨政策的影响。如，有学者从基础研究资金投入的视角切入，以 1997—2009 年中国 168 个城市 7 类学科的国家自然科学基金资助与专利产出的城市—学科—年份三维面板数据为例，采用三向固定效应模型实证检验了基础研究类自然科学基金促进政府、高校与企业“产学研”一体化发展的内在机理，并测算出青年自科类基金的专利转化效率最高（叶菁菁等，2021）。这一研究为优化基础研究资金投入提供了有益证据，但国家自然科学基金仅是基础研究专项政策类型丰富的政策工具中的一种资助工具，其政策效果并不能有效代表基础研究专项政策的真实效果。

中国进入了全面加强基础研究的新阶段，未来还将陆续出台进一步发展基础研究的专项政策，如“基础研究十年行动方案”呼之欲出，国家将继续加强、加大对基础研究的布局和投资。从科学研究资源分配角度看，基础研究将获得更多政策资源的支持，如在研究基础设施、大科学装置、研发资金、研发激励、研发项目、税收优惠、财政补助、风险补偿、人才待遇等方面都将获得更多资助（宋潇等，2021）。那么，这些政策资源大量投向基础研究是否会形成无效投入现象？会不会因政策导向的影响致使自主创新能力受损？显然，如果这些负面效应成为主要的政策结果，政策就难以有效促进基础研究发展，也难以实现自主创新能力提升的目标。因此，检验基础研究专项政策对基础研究发展的实际作用效果及其作用规律就显得尤为必要。基础研究专项政策是否对基础研究发展产生了促进效应？这种促进效应是否存在区域异质性？客观上，区域之间存在基础研究专项政策工具要素投入水平的高低差异，是否直接造成了政策质量差异，进而成为影响衍生政策质量强弱效应的机制要素？那么，这些机制要素的作用效力如何，在政策实施中的组合效应又如何？

本节基于上述问题，构建了2001—2020年中国30个省级地区的面板数据，以广东、天津和福建等16个颁发了基础研究专项政策的地区为实验组，其他未颁发的14个地区为控制组[①]，采用多期双重差分模型（DID）对基础研究专项政策的作用效果和影响机制进行实证检验，科学评估基础研究专项政策带来的基础研究成果产出效应，并进一步考察了区域间政策效应的异质性；同时，还基于政策文本分析和量化分析，识别了基础研究专项政策的机制要素和评价了政策质量，检验政策的质量效应和测量各机制要素的实际作用。

相对于现有文献，本节的可能研究贡献主要有以下三点。①通过双重差分模型对省级层面基础研究专项政策的实际效果予以检验，一方面，对学界存在争议的政策是否有效的问题，从中国情境进行了肯定性回应；另一方面，因政策实施周期较短，间接地对当前学界认为的基础研究难以在短期内实现突破的观点进行了证伪。②结合基础研究专项政策实施的区域特征，考察了政策影响的空间异质性，揭示了政策效果存在东中西地区“边际效应递减规律”，为地区因地制宜地推进优化政策提供了有效依据。③基

① 截至2020年12月，广东、浙江、吉林、青海、安徽、山东、陕西、甘肃、广西、辽宁、天津、云南、内蒙古、重庆、福建、宁夏和四川共17个省（直辖市、自治区）出台了基础研究专项政策，由于宁夏部分数据缺失，因此，实验组为除宁夏外的16个出台专项政策的省区，其余14个省区归为控制组。此次统计不包含港澳台地区数据。

于政策文本量化，在基础研究领域对政策质量强弱效应进行了检验，并对基础设施、研究目标、开放合作、研究布局、人才支持、创新环境和资助体系7类机制要素的影响效力进行了系统检验，此外，还对7类政策工具的各类组合效应进行了分析，发现在各类工具组合态中包含开放合作的组合对基础研究的增益效果更好，这为优化政策和改进政策实践提供了依据。

一、理论分析与研究假设

探究创新是什么、创新如何产生、创新如何有效发展一直是学者们研究的重要问题。从研究发展看，理论层面经历了熊彼特创新理论到弗里曼国家创新系统理论的演变，模式层面一直存有布什创新线性模式与斯托克斯巴斯德象限模式的观点之争，方式层面出现了封闭、开放到协同的创新方式变化，这些研究涉及了创新的本质、动力、结构、运行机制和多元效应（Patel 和 Pavitt，1994；安维复，2000）。基础研究作为创新研究的重要类型，也是创新研究中的重要内容，学界对推进基础研究发展的理论、措施与效应也进行了一定讨论（Pavitt，1991；Ha 等，2009），这些研究为理解基础研究何以发展提供了帮助。

总结已有文献结论，可以将影响基础研究发展的具体因素概括为以下几方面：一是基础研究投入，如研发经费投入、研发人才投入、基础设施投入；二是基础研究创新环境，如制度环境、科技金融环境、研究环境、市场需求环境等；三是基础研究创新的基础条件，如吸收能力、创新能力以及研发人员的储备与能力；四是基础研究创新的开展方式，如创新主体间采用合作创新、开放创新、协同创新的方式更利于创新成果的产生。以上因素最终通过影响基础研究创新主体的创新注意力和创新活动进而影响基础研究发展。

基础研究专项政策作为一个重要的外生冲击，为开展基础研究活动提供了必要的创新资源，优化了创新环境，打通了研发交流与合作的通道，客观上减少了创新主体开展基础研究活动的阻碍，保障了基础研究创新系统有效运转，通过发挥支持、保障和导向作用，使创新主体能无后顾之忧地长期关注和开展基础研究活动，进而刺激和推动基础研究发展。图4-6具体展示了基础研究专项政策推动基础研究发展的作用机理，具体分析如下。

一是政策保障了基础研究的资源供给。资源条件是基础研究发展的基本前提。具体来看，这些资源条件包括基础研究经费、基础设施、研发人力资本等。从企业视角看，基础研究投资大、投入持续性强、产出不确定、成果排他性弱等特征，导致企业投入基础研究具有较强的风险性且难以独占收益，多数企业不具有投资动力，客观上需要政府进行投资（Akcigit 和 Hanley，2021），政府则通过政策提供基础研究发展的资源条件。基础研究专项政策从基础研究水平、基础研究成果、基础研究重点突破领域等多个角度设置了发展目标，这些目标将促进创新资源流向基础研究领域（张娆等，2019），改善创新资源供给结构，同时也因政策的引导作用，使研发机构和研发人员的创新注意力投向基础研究，激发更多基础研究行动。从政策具体内容看，政策对基础研究长期研发经费、基础研究基金、各类基础研究实验室、基础研究数据平台、基础研究科学装置、引进和培养基础研究研发人员等做出规划和投资，为基础研究提供必要的资金、平台和人才，这些资源的投入将有利于基础研究发展（Drivas 等，2015）。

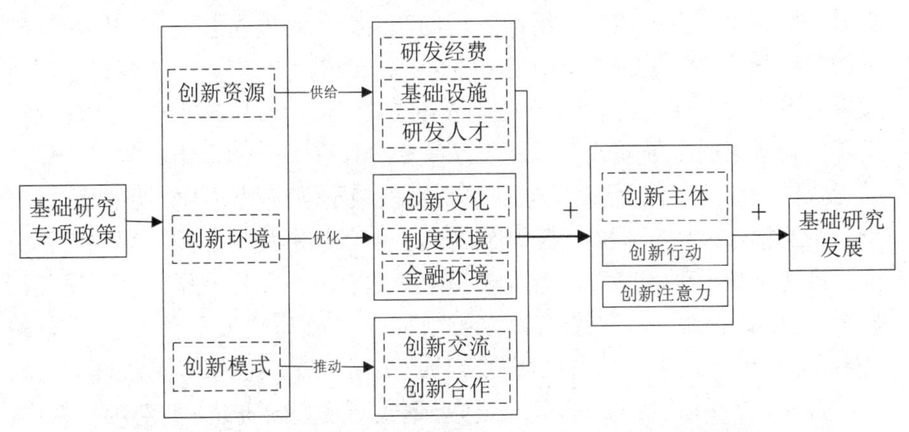

图 4-6　基础研究专项政策推动基础研究发展的作用机理

资料来源：作者绘制。

二是政策优化了基础研究的创新环境。基础研究创新环境包括影响创新主体开展基础研究活动的内外部环境，除基础研究资源硬环境外，还包括基础研究的文化环境、制度环境、金融环境等软环境（Jones 和 Davis，2000；Hessels 等，2011）。基础研究创新环境的优劣关系创新系统是否能实现良性运行，对提升基础研究能力与基础研究效率具有重要影响（Savrul 和 Incekara，2015）。从宏观层面看，创新环境很大程度上决定了各个创新单元的创新生产力（陈凯华和官建成，2010），其主要通过发挥调节作用促进创新发展（龚惠群等，2018）。从微观层面看，创新主体置身于具体创新环境中开展基础研究活动，其创新注意力和创新行动必然受到创新环境影响，研究发现创新导向型的组织创新文化，有利于实现人力资本价值最大化，进而提高组织创新产出（Tian 等，2018），同时，基础研究的组织文化环境对研究者的研究行动具有显著的预测作用（Huyghe 和 Knockaert，2015）。从基础研究专项政策具体内容看，形塑符合基础研究的创新环境是其重要内容，主要举措包括构建科技金融体系、营造共享环境、建立人才自由流动机制、给予倾向性的项目支持和待遇支持、形成包容性的社会环境、建立符合基础研究特征的科研评价体系、给予研发人员足够的研究自主权等。这些举措从多方面为基础研究活动提供了环境保障，能让研究人员更专注于研究事业，有利于基础研究成果的突破。

三是政策推动了基础研究创新模式的变革。随着创新复杂性和系统性激增，依靠单一主体或单个组织实现创新突破的难度显著增加，创新突破更加依赖开放、协同的合作创新（薛澜等，2018）。已有研究考察优质创新成果的生成时发现，创新的开放性趋势愈发明显，合作创新已经成为取得优质创新成果的主导模式，且跨组织类型合作（如产学合作、学研合作）成为合作创新的主流，创新突破很大程度依赖不同组织创新资源的整合（宋潇和张龙鹏，2021）。同时，越开放的创新环境越有利于基础研究的创新交流，进而有助于创新突破，研究表明，学术交流、项目合作、合同研究，甚至非正式互动等，通过知识溢出效应对基础研究发展产生积极影响（Gersbach 等，2013）。从基础研究专项政策内容看，政策鼓励以国际合作、区域合作、产学研合作、跨学科合作等形式开展基础研究，并对项目合作、人才合作、成果转化合作、共建研究结构等多种合作研发形式提供了制度保障、协调机制和数据平台，这将有利于基础研究的合作研发并实现创新突破。综上分析，本节提出如下假设。

假设 1：基础研究专项政策对基础研究发展具有显著的正向促进作用。

从基础条件看，因先赋条件、经济发展阶段、科技发展水平、制度条件、市场环境等综合因素的影响，各省份实施基础研究专项政策的客观条件存在明显差异，塑成了政策效果的差序格局。相较于应用研究和试验开发研究，基础研究通常对资金投入量和投入的持续性要求更高，经济发达地区具有较好的财政能力投入基础研究，能更大程度上满足基础研究研发活动的需求，同时经济发达地区的科技金融环境、社会基金储备、社会捐赠能力、企业投入基础研究的能力均强于欠发达地区，能更好满足基础研究发展的投入需求（张龙鹏和邓昕，2021）。从需求程度看，较之欠发达地区，经济发达地区市场活跃度和已有创新水平较高、市场对高水平创新成果的需求度更强烈、市场能够直接借用的先进创新成果更少，在此情况下，政府、市场和研究主体发展基础研究的需求更旺盛，主动执行和运用基础研究专项政策的动力更足，政策的激励效果应更显著。从知识生产角度看，经济发达地区在知识积累程度、基础研究基础设施、基础研究人力资源、基础研究创新网络等方面占据优势，通常具备更强的吸收能力和创新能力，在基础研究专项政策的激励下，能更便捷地调动研发资源开展研究并实现知识的更新和突破（戴魁早，2015）。此外，从知识成果转化角度看，较之欠发达地区，发达地区具有更好的产业条件实施基础研究成果转化，因此，发达地区的政府主体、市场主体和研究主体具有更强的动力发展基础研究，政策的激励效果也会更强（Zhang 等，2012）。由此可以推论，中国东中西部地区在基础研究发展的基础条件、基础研究需求程度、基础研究知识生产能力和知识成果转化能力方面存在明显差异，可能导致基础研究专项政策在不同区域的实施效果存在异质性，表现为政策边际效应递减的情况，基于此得出研究假设 2。

假设 2：东中西部基础研究专项政策对基础研究发展的作用效果存在“政策边际效应”递减规律。

在创新发展水平成为重要考核指标的大背景下，由“行政发包制”（黄晓春和周黎安，2017）和“晋升锦标赛”（周黎安，2007）等激励理论可知，为更好地实现中央发展基础研究的目标，以及更大可能性获得晋升机会，地区间会出现发展基础研究的竞争，集中体现在基础研究专项政策的质量水平上，地区间可能因基础研究专项政策质量水平差异形成不同的政策效果。政策效果与政策质量密切相关，在不同地区实施同类政策，政策质量高的地区较于政策质量低的地区更容易实现政策的增益效果，高质量政策对政策问题具有高回应性，同时也使政策结果更合乎政策目标（陈水生，2020）。从政策制定和执行角度看，政策质量高意味着政策设计水平高，同时也反映了政府注意力的聚焦程度，既表明政策对应领域能获得较好的资源配置（Huang 等，2014），又表明政策能获得较好的执行。地方基础研究专项政策的出台，一方面表现为地方政府发展基础研究的主动性，另一方面表现为对中央基础研究专项政策的回应，质量水平高的政策表达了更多的发展主动性，而质量水平低的政策则可能是对中央政策的策略性回应，两者的政策行动水平具有较大差距，即政策效果因资源配置和行动水平的差异具有强弱效应。据此，提出研究假设 3。

假设 3：政策质量越高对基础研究发展的促进效应越强，即存在政策质量的强弱效应。

政策通常使用多种类型的政策工具来实现政策目标，由于具体政策工具扮演的角色存在客观差异，其作用效应也存在差异。已有研究从其他领域的政策角度，对政策工具的效应差异做了较为丰富的论证。如供应面、需求面和环境面的政策工具，都对新能源汽车产业的创新发展起了正向促进作用，但与其余两者相比，环境面的政策工具更为有效（王海等，2021）；再如低碳城市政策通过命令控制型、自愿型、市场型三类工具，分别发挥倒逼约束、意识与行为引导、经济激励作用以促进企业绿色技术创新，但只有命令控制型工具起到了显著效应（徐佳和崔静波，2020）。基础研究专项政策由不同类型的政策工具组成，其扮演的角色也存在客观差异，如政策目标工具从多方面对基础研究发展做出预期，发挥导向与约束作用；资助类工具则通过提供研发资金、税收优惠、财政补贴、成果奖励等，发挥保障和激励作用推动基础研究发展。基础研究专项政策的质量水平由各政策工具的质量水平共同决定，即政策质量的强弱效应是由各政策工具的质量效应共同决定的，但由于各类工具作用方向不同，其实际效应也应存有差异。据此提出假设 4。

假设 4：基础研究专项政策各类工具要素对政策质量强弱效应的作用效果存在差异。

在政策的具体实施过程中，通常不是在各类型工具中简单地选择使用某一类政策工具，而是表现为对各类型政策工具的组合使用，具有组合效应（徐倪妮和郭俊华，2022）。受政策工具间作用差异、客观条件的影响，政策使用通常存在协同效应和消减效应两种类型。一方面，政策工具间的作用差异性，能在工具间互补融合条件下为政策客体提供多元保障，相较于单一政策工具其更能全面地影响政策客体行为，产生政策的协同效应，如中国实施的创新型企业政策、创新型城市政策和高新技术企业政策在促进企业创新中就表现协同效应（陈晨等，2022）。另一方面，在工具差异的前提下，受资源条件约束和选择偏好的影响，政策工具间会出现资源挤占效应和注意力抢占效应（章文光和刘志鹏，2020），形成“工具打架”现象，进而消减工具效应。基础研究专项政策存在多种类型的政策工具，各政策工具可以形成不同的组合形态，以组态形式影响基础研究发展，同时，受政策工具间作用差异和客观条件的影响，不同的组合形态应会形成不同的组合效应。基于此，提出研究假设 5。

假设 5：基础研究专项政策存在政策工具的组合效应且不同组合形态具有差异性的组合效应。

二、研究设计

（一）识别策略选择与 DID 估计方法

2018 年以前，对于基础研究发展，中国并未颁发全面性的专项政策，只是在不同时期的科技发展规划中进行了布局，其中改革开放以后的规划布局更多。具体而言，中国在国家重点实验室建设计划（1984 年）、国家自然科学基金（1986 年）、“863”计划（1986 年）、科教兴国战略（1995 年）、“973”计划（1997 年）、国家科学技术奖励计划（1999 年）、自主创新战略（2006 年）和国家重点研发计划（2015 年）等系列国家发展战略性规划中均对基础研究进行了布局，这些举措推动了中国基础研究的先期发展。但这些政策要么关于基础研究项目，要么关于人才建设，要么关于奖励机制，从政策整体视角看，这些举措均是具体政策工具的使用，体现为支持的系统性不足；同时，受长期“效率驱动”逻辑影响，相较于应用研究和试验开发研究，基础研究发展始终呈现重视程度不够的局面。尽管在过去的 20 年间，中国基础研究投入已由 2002 年的 73.8 亿元增长到 2021 年的 1696 亿元，投入规模增长了近 22 倍，但基础研究投入仍长期低于 R&D 经费的 6%，远低于法国、日本、美国等国家 15%—20%的基础研究投入强度（叶菁菁等，2021）。这一定程度上造成了中国基础研究根基不牢的局面，也影响了中国原始创新能力水平。

中国为建成世界科技强国，提高原始创新能力，最大程度地降低技术差距和技术封锁带来的发展不确定性，中央和地方不断加大基础研究投入力度，2021 年基础研究经费已达 R&D 经费的 6.09%；同时，中央与地方政府不断加强政策体系的建设，全面提升了发展基础研究的支持力度。2018 年开始，先后有超过 17 个省份依据《国务院意见》颁发了省级基础研究专项政策，如 2018 年安徽省颁布了《安徽省人民政府关于进一步加强基础科学研究的实施意见》、2019 年浙江省颁布了《浙江省人民政府关于全面加强基础科学研究的实施意见》，出台政策的省份及政策出台时间如表 4-8 所示，这客观上形成了一项“准自然试验”，为我们打开了考察政策效果的有效窗口。考虑到出台基础研究专项政策的省份和尚未出台基础研究专项政策的省份存在系列差异，为最大程度地降低选择性偏差和避免逆向因果关系导致的内生性问题，研究采用多期双重差分法估计现行基础研究专项政策的有效性，进而阐释其作用效果的异质性和作用机制。

表 4-8　2018—2020 年颁发基础研究专项政策的地区及时间表

序号	发布地区	发布时间
1	安徽、福建、甘肃、广东、吉林、辽宁、内蒙古、陕西、重庆、天津	2018 年
2	青海、山东、云南、广西、浙江	2019 年
3	四川、宁夏	2020 年

（二）计量模型与变量说明

基于上述讨论结果，为有效评估基础研究专项政策效果，本节借鉴王永进和冯笑（2018）的研究，对因变量为计数变量按照泊松分布进行实证估计，并结合面板数据 Hausman 检验结果（X^2=51.1700，P=0.0000），设定如下多期双重差分固定效应模型：

$$Bre\_level_{it}= \alpha_0 + \alpha_1 Bre\_Policy_{it} + \alpha X_{it}+ \lambda_i + \gamma_t + \varepsilon_{it} \qquad (4\text{-}6)$$

公式（4-6）中，i 表示省份，t 表示年份；λ_i 为省份固定效应，γ_t 为时间固定效应；Bre_level_{it} 表示地区年度基础研究发展水平，即基础研究专项政策效果；Bre_Policy_{it} 表示政策出台变量；X_{it} 表示其他控制变量；ε_{it} 表示随机误差项。本研究重点关注系数 α_1 的估计值，如果该政策确实改善了地方基础研究治理效果，那么 α_1 系数应显著为正。

（1）被解释变量，省区基础研究专项政策效果（Bre_level）。已有研究通常从投入视角和产出视角衡量创新发展，但创新过程中存在创新失败、创新滞后、创新不确定性等现象，与投入相比，产出是实际产生的结果，更具代表性（余明桂等，2016），因此，研究从成果产出的角度考察基础研究专项政策效果。与应用研究不同，基础研究的直接产出更多的是知识，具有信息的特征（刘立，2011），通常不能申请专利，更多以论文发表的形式公布成果，因此，研究以论文产出作为衡量指标。考虑到测量指标应最大可能兼具质量和数量效应，本节选取发表于 SCI 来源刊的论文，原因在于 SCI 是目前国际公认的最具影响力的科技文献检索平台，论文能发表在

SCI 来源刊上，表明了论文具有较高水平，可以有效地反映出各省份基础研究科研成果的质量。此外，为最大程度地准确测量各省份基础研究成果产出，研究采用篇次记录法对发表数量进行统计，所谓篇次记录法即一篇文章若涉及两个省份或多个省份的多家单位共同参与，同一论文在各省分别计数，如论文多个作者所在单位分属河南省、浙江省，则两省基础研究成果分别计 1，这样统计的好处是最大程度统计了各省的基础研究产出贡献。从变量类型看，被解释变量为计数变量。

（2）核心解释变量，省区基础研究专项政策（Bre_Policy）。实证数据的时间跨度为 2001—2020 年，基于各省政府官方网站，搜集各省基础研究专项政策数据，根据政策颁布情况设置政策虚拟变量。其中，省区出台基础研究专项政策当年及之后，Bre_Policy = 1，否则 Bre_Policy = 0。

（3）控制变量，除地区基础研究专项政策对基础研究产出存在影响，地区经济基础、科研投入、基础研究设施和对外交流程度均可能影响基础研究发展。因此，本节需要进一步控制这些外在因素的干扰。借鉴已有文献的研究思路（严成樑和龚六堂，2013；叶祥松和刘敬，2018；张龙鹏和邓昕，2021），本节对以下变量进行控制：①省区基础研究固定设施（lnfi_facil）；②省区经济发展水平（lneco_devel）；③省区 R&D 投入强度（lnR&D）；④省区高校平均规模（lnAve_edu）；⑤省区金融发展水平（lnfin_level）；⑥省区开放程度（lndeg_open）。具体变量类型、定义与测量方法等见表 4-9。

表 4-9　变量定义与说明

变量类型	变量名称	变量代码	定义与测量
被解释变量	省区基础研究专项政策效果	Bre_level	采用省区年度 SCI 发文篇次进行测量
解释变量	省区基础研究专项政策	Bre_Policy	此为虚拟变量，其中省区出台基础研究专项政策后赋值为 1，无则赋值为 0
控制变量	省区基础研究固定设施	lnfi_facil	采用地区国家重点实验室数量取对数进行测量
	省区经济发展水平	lneco_devel	采用地区生产总值亿元*10000/总人口的结果取对数进行测量
	省区 R&D 投入强度	lnR&D	采用 R&D 投入经费（万元）/10000/地区生产总值（亿元）的值取对数进行测量

续表

变量类型	变量名称	变量代码	定义与测量
	省区高校平均规模	lnAve_edu	采用高校人数/高等学校数量的值取对数进行测量
	省区金融发展水平	lnfin_level	采用金融业增加值（亿元）/地区生产总值（亿元）的值取对数进行测量
	省区开放程度	lndeg_open	采用货物进出口总额（亿元）/地区生产总值（亿元）的值取对数进行测量

数据来源：作者整理。

（三）数据来源

本节研究数据来自三个部分。①基础研究专项政策效果数据，即省区年度 SCI 篇次数据，为作者通过网络爬虫技术获取，经过整理而得。②国家重点实验室数据为作者根据科技部发布的《2016 国家重点试验室年度报告》和 2016 年之后新成立的国家实验室，形成国家重点实验室名单，在此基础上，通过网络查询其成立年份，整理形成各省国家重点试验室年度数据。③其他控制变量数据：地区生产总值、地区总人口、金融业增加值、货物进出口总额等数据源于《中国统计年鉴》，R&D 经费投入、高校人数、高校数量等数据源于《中国科技统计年鉴》。最终形成了 2001—2020 年全国 30 个省级地区的面板数据（宁夏回族自治区数据缺失，且不包含港澳台地区数据），包含 30 个截面单元和 20 个时间序列数据，共计 600 个观测点，各类变量测量数据完整，无缺失值。

三、实证检验与结果分析

（一）描述性统计

在模型分析前，研究对主要变量进行了描述性统计分析（见表 4-10）。据表 4-10 数据可知，从 SCI 发文情况来看，2001—2020 年中国 30 个省区基础研究 SCI 论文发表量的标准差为 16932.9800，说明中国基础研究时空差异较大。文章以国家重点实验室建设数量来测量基础研究的基础设施供给水平，但从结果来看其均值仅为 1.8542，说明高水平的基础研究基础设施呈现较低供给水平，不利于基础研究发展。

表 4-10　变量描述性统计

变量	N	Mean	S.D.	Min	Max
Bre_level	600	11179.3900	16932.9800	0	124632
Bre_Policy	600	0.0683	0.2525	0	1
lnfi_facil	600	1.8542	1.2158	0	5.1475
lneco_devel	600	1.0153	0.8346	−1.2096	2.8028
lnR&D	600	−4.5459	0.7367	−6.5903	−2.7420
lnAve_edu	600	−0.0775	0.3222	−1.5833	1.4583
lnfin_level	600	−3.0572	0.5354	−4.4211	−0.4630
lndeg_open	600	−1.7740	1.0107	−4.8816	0.5790

数据来源：作者自制。

（二）基础研究专项政策推动基础研究发展的净效益

根据公式（4-6）呈现的计量模型，采用面板泊松双重差分方法评估基础研究专项政策的净效益。由表 4-11 可知，列（1）仅纳入核心解释变量 Bre_Policy，列（2）、列（3）和列（4）分别依次加入了地区基础研究固定设施 lnfi_facil、地区经济发展水平 lneco_devel、R&D 投入强度 lnR&D、高校平均规模 lnAve_edu、地区金融发展水平 lnfin_level、省区开放程度 lndeg_open 等控制变量。在列（1）至列（4）中，核心解释变量 Bre_Policy 的系数均显著为正。由列（4）可知，相较于控制组，实验组的基础研究得以显著发展，说明相较于未出台基础研究专项政策的省份，已经实施基础研究专项政策的省份，其基础研究发展水平得到明显提升。假设 1 得以验证。

基于表 4-11 第（4）列汇报的回归结果，可以发现，控制变量对基础研究发展存在重要影响，从中可以得出一些启示。其一，基础设施是基础发展的重要保障，说明在未来的基础研究发展规划中要切实推进基础设施建设，通过优质的研究条件助力基础研究发展。其二，良好的经济发展水平为基础研究提供了助力环境，因此，从全国视角来看，推动基础研究发展应加大力度鼓励经济发达地区更多投入基础研究。其三，R&D 投入和地区高等教育为基础研究发展提供直接的财力与智力保障，间接表明鼓励有经济条件的地区和高等教育发展水平较高的地区加强基础研究投入能够更好实现基础研究创新突破。其四，地区金融业发展水平对基础研究发展亦有助益，因此，各地区应着力建立健全科技金融体系，推进科技与金融深度融合，以实现基础研究又好又快发展。其五，地区开放程度有利于推进基础研究发展，应大力推进地区的开放发展，为知识创新提供开放的交流与合作环境。

表 4-11　基础研究专项政策驱动基础研究发展的净效益

变量	（1）	（2）	（3）	（4）
Bre_Policy	1.1342***	1.0937***	1.1189***	1.1217***
	（0.0018）	（0.0018）	（0.0018）	（0.0019）
lnfi_facil		1.4820***	1.4201***	1.3056***
		（0.0030）	（0.0029）	（0.0030）
lneco_devel			1.3230***	1.3720***
			（0.0048）	（0.0051）
lnR&D				1.3613***
				（0.0051）
lnAve_edu				0.9735***
				（0.0034）
lnfin_level				1.0417***
				（0.0026）
lndeg_open				0.9643***
				（0.0017）
地区效应	控制	控制	控制	控制
时间效应	控制	控制	控制	控制
Constant	9.2185***	5.6282***	6.7047***	9.4828***
	（0.1795）	（0.1125）	（0.1039）	（0.1041）
Wald X^2	$2.77e^6$***	$2.76e^6$***	$2.76e^6$***	$2.76e^6$***
Per	20	20	20	20
N	600	600	600	600
Log likelihood	-91936.2180	-71657.6610	-68606.2270	-65001.1470

注：常数项（Constant）采用传统泊松模型求得；***表示在 1%水平上显著，括号内为稳健标准差。

（三）基础研究专项政策的边际效应递减规律检验

根据假设 2，在原有背景相同的情况下，基础研究专项政策的实际效果存在区域差异，相较于中西部地区，东部地区基础研究专项政策对基础研究发展的正向作用效果应更明显，存在东中西基础研究专项政策作用效果的“边际效应递减规律”。为了验证基础研究专项政策存在“边际效应递减规律”，本研究将总样本分为东中西部地区三个子样本进行模型估计，结果如表 4-12。由表 4-12 列（1）至列（3）可知，Bre_Policy 的估计系数均显著为正，且“从东向西”逐渐降低；同时，东部地区的估计系数值大于全样本的系数值，而中部、西部的回归系数值均小于全样本系数值，说明东部地区基础研究专项政策的积极效应最为明显，中部和西部地区的基础研究专项政策的积极效应稍显不足。以上数据表明，区域基础研究专项政策对其基础研究发展的边际效应呈现出东中西部地区递减规律，假设 2 得以有效验证。

表 4-12　基础研究专项政策效应的东中西部地区边际效应递减规律检验

变量	（1） 东部	（2） 中部	（3） 西部
Bre_Policy	1.2809*** （0.0030）	0.9527*** （0.0042）	0.8180*** （0.0037）
lnfi_facil	1.3554*** （0.0052）	1.2968*** （0.0048）	1.2101*** （0.0082）
lneco_devel	1.7840*** （0.0126）	1.2389*** （0.0106）	0.9899** （0.0174）
lnR&D	1.6675*** （0.0092）	0.9043*** （0.0078）	0.8953*** （0.0091）
lnAve_edu	1.1825*** （0.0103）	0.9244*** （0.0051）	1.0622*** （0.0082）
lnfin_level	0.9855*** （0.0031）	1.0999*** （0.0086）	0.8810*** （0.0089）
lndeg_open	1.0067*** （0.0048）	1.1109*** （0.0043）	0.8813*** （0.0030）
地区效应	控制	控制	控制
时间效应	控制	控制	控制
Constant	9.3162*** （0.1059）	9.3551*** （0.1410）	7.6972*** （0.2646）
Wald X^2	$1.71e^6$***	$0.56e^6$***	$0.49e^6$***
Per	20	20	20
N	220	160	220
Log likelihood	−24063.7970	−7892.4176	−16976.3580

资料来源：

注：***表示在 1%水平上显著，括号内为稳健标准差。

（四）稳健性检验

为了避免遗漏变量和自选择等问题造成前文基准回归模型的估计结果产生内生偏误，保证基准回归验证的基础研究专项政策具有积极效应的结论是科学可靠的，研究针对基准回归的估计结果进行了一系列的稳健性检验。

（1）平行趋势检验。为保证研究采用双重差分模型的适当性，同时考察政策效果是否存在时滞效应，研究进一步对实验组和控制组进行平行趋势检验。由于不同省份出台的基础研究专项政策存在时序差异，相关省份从控制组转化为实验组的时机也存在先后顺序，而简单比较控制组和实验组均值的时间趋势无法体现出上述时序差异的特性。因此，研究参照 Louis 等（1993）的研究思路，使用事件分析法分析基础研究专项政策推动基础研究发展的时序效应。同时，借鉴相关学者的研究（Gu 等，2017；温军和冯根福，2021），对控制组和实验组数据采取倾向值匹配进行平衡性处理后，通过 Tobit 模型对基础研究专项政策的动态效应进行检验。具体公式如下所示：

$$Sci_{it} = \beta_{-4}DID_{-4}+\beta_{-3}DID_{-3}+\ldots+\beta_0 DID_0+\ldots+\beta_2 DID_2+\beta_3 DID_3+\beta X+\lambda_i+\gamma_t+\varepsilon_{it} \qquad (4-7)$$

公式（4-7）中，DID_0 表示基础研究专项政策出台年份的哑变量，E 为负整数，DID_E 表示基础研究专项政策实施前第 E 年的哑变量，F 为正整数，DID_F 表示基础研究专项政策实施后第 F 年的哑变量。基础研究专项政策最早在 2018 年实施，研究使用的数据时间跨度为 2001—2020 年，因此 E 的取值范围为[-17，0)，F 的取值范围为[1，2]，专项政策在 2018 年实施则记为 β_0。由于样本时间跨度长，本研究以基础研究专项政策实施前的第 4 年以后的年份为基准组，绘制了以基础研究 SCI 发文量作为被解释变量的估计参数{β_{-4}，β_{-3}，β_{-2}，β_{-1}，，β_0，β_1，β_2}的大小及对应的 95%置信区间（见图 4-7）。如图 4-7 所示，基础研究专项政策实施前的估计参数值不显著，而基础研究专项政策实施后的估计参数值显著为正，由此说明，基础研究 SCI 发文量的增长并非事前差异的结果，而是专项政策的直接效应。图 4-7 显示基础研究专项政策不存在政策效果时滞效应，即在政策出台当年便具有显著的积极效果。

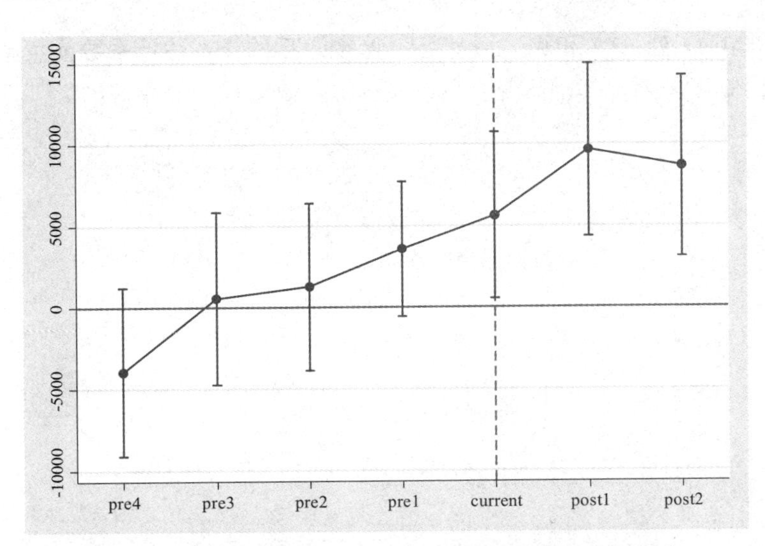

图 4-7　基础研究专项政策推动基础研究发展的动态效应

资料来源：作者绘制。

（2）PSM+DID。在政策效应评估研究中使用双重差分法可以较好地化解变量之间的内生性问题，但该模型容易陷入因政策实施时点与实施对象存在的“选择性偏差”（Heckman 等，1998）。基于倾向值得分匹配在控制此类“选择性偏差”方面表现出明显优势，本研究将通过倾向值得分配合与双重差分相结合的方法对前文基准回归的结论再次进行验证，以此确保基础研究专项政策有效提升了基础研究水平的结论真实可靠。具体而言，为保证控制组与实验组在基础研究专项政策冲击前的样本尽可能地不存在明显差异，即达到数据分布的平衡性，本研究利用相关控制变量对省级地区出台基础研究专项政策的概率进行估测后（Logit 模型），继续按照近邻匹配（一对一、一对四）、卡尺（半径）匹配、核匹配的方法给实验组匹配控制组。最终结果显示，多种倾向值匹配方式的结果，均能使实验组和控制组的样本分布平衡性明显改善。本研究汇报了一对一近邻匹配的结果及其核密度（见图 4-8），如表 4-13 所示，匹配后控制变量的标准偏差绝对值基本上小于 20%，且所有控制变量在匹配之后均不显著（P＞0.1），由此说明此时样本中控制组与实验组的数据分布处于较好的平衡状态（Rosenbaum，1985）。进一步利用一对一匹配后得到的样本数据，再次使用双重差分的方法对基础研究专项政策的时间效应和净效益进行检验，结果如表 4-14 列（1）和列（2）所示，匹配之后的样本估计系数依然显著为正，由此可以判定基础研究专项政策的增益效果是十分稳健的。

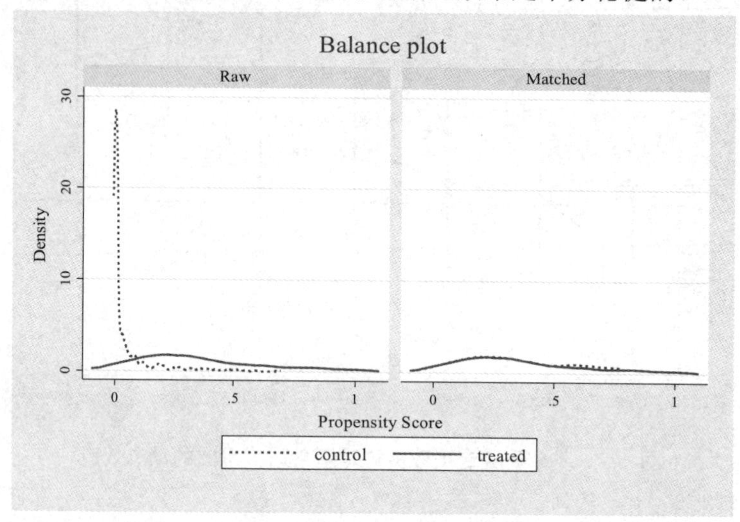

图 4-8　匹配前后核密度图

资料来源：作者绘制。

表 4-13　匹配后平衡性检验结果

变量	实验组均值	控制组均值	标准偏差	匹配前 P 值	匹配后 P 值
lnfi_facil	2.5318	2.5130	1.9000	0.0000***	0.9120
lneco_devel	1.8654	1.9055	-6.4000	0.0000***	0.6820
lnR&D	-4.0959	-4.1282	5.2000	0.0000***	0.8070
lnAve_edu	0.1806	0.1114	22.5000	0.0000***	0.2180
lnfin_level	-2.5350	-2.4795	-11.9000	0.0000***	0.5650
lndeg_open	-1.8398	-1.7333	-10.3000	0.6660	0.6670

注：***表示在 1%水平上显著。

表 4-14　基础研究专项政策效果稳健性检验

变量	PSM+DID		剔除直辖市样本		Tobit 模型	
	（1）	（2）	（3）	（4）	（5）	（6）
Bre_Policy	0.9897***	1.0787***	3.1722***	1.0035***	15947.6400***	6724.1830***
	（0.0132）	（0.0174）	（0.0042）	（0.0020）	（1896.8290）	（1703.0510）
控制变量	未控制	控制	未控制	控制	未控制	控制
地区效应	未控制	控制	未控制	控制	未控制	未控制

续表

变量	PSM+DID		剔除直辖市样本		Tobit 模型	
	（1）	（2）	（3）	（4）	（5）	（6）
时间效应	未控制	控制	未控制	控制	未控制	未控制
Constant	9.5572*** （0.1820）	7.0159*** （0.2059）	8.9506*** （0.0005）	9.7427*** （0.1181）	10089.6400*** （2268.7010）	34608.9800*** （11729.4800）
Wald X^2	11093.38***	11324.93***	0.78e^6***	2.10e^6***	70.69***	419.04***
Per	2	2	20	20	20	20
N	29	29	520	520	600	600
Log likelihood	-241.0504	-138.4598	-1.21e^6	-0.05e^6	-6499.1494	-6372.2838

注：***表示在1%水平上显著，括号内为稳健标准差。

（3）剔除直辖市样本。考虑到直辖市和普通省份在领导层级和社会发展层面存在明显差异，在其推行基础研究专项政策过程中可以获得比非直辖地区更多的资源，因此，本研究将直辖市样本进行剔除，结果发现基础研究专项政策的积极效应依然显著，见表4-14列（3）和列（4）。

（4）更改估计模型。考虑到单一估计模型的在实证分析中的局限性，本研究改用了 Tobit 面板模型对基础研究专项政策的积极效应进行了参数估计，结果再次验证了基础研究专项政策的有效性，见表4-14列（5）和列（6）。

（5）安慰剂检验。为进一步排除基础研究专项政策对地区基础发展的积极效应受到其他政策或难以观测的因素干扰，借鉴陈林和万攀兵（2019）的研究思路，本研究通过置换被解释变量进行安慰剂检验。考虑到基础研究专项政策并未强调将 SCI 三大刊（Nature、Science、Cell）的发表纳入考核目标，因此，基础研究成果应并不聚焦于发表在顶尖科学期刊。可以预期，基础研究专项政策的实施并不会对上述SCI三大刊的发文情况产生显著积极效果，常数项（Constant）采用传统泊松模型求得。基于此，本研究以SCI三大刊年度发文量及其在年度SCI发文总量中的占比两个假设被解释变量进行安慰剂检验，其中，SCI 三大刊年度发文量为计数变量采用泊松方法进行估计，SCI三大刊在年度SCI发文总量中的占比为连续变量，遂采用面板固定效应方法进行估计。表4-15列（1）和列（2）中的各项检验均表明，基础研究专项政策系数对假设的被解释变量并不显著，这说明了基础研究发展确实是由基础研究专项政策的实施引起。

表 4-15 安慰剂检验结果

变量	（1）	（2）
	SCI 三大刊	SCI 三大刊占比
Bre_Policy	1.0922（0.0628）	-0.00005（0.0002）
控制变量	控制	控制
地区效应	控制	控制
时间效应	控制	控制
Constant	6.6020***（0.6828）	0.0048***（0.0014）
Wald X2	3195.2500***	—
F	—	2.3700***
Per	20	—
N	600	589
Log likelihood	-1028.0147	—
R2	—	0.1037

注：***表示在 1%水平上显著，括号内为稳健标准差。

四、基础研究专项政策的作用机制检验

（一）各省基础研究专项政策质量得分

研究假设 3 认为，地区间可能因基础研究专项政策质量水平差异形成不同的政策效果，表现为政策质量的强弱效应，为验证这一研究假设，研究基于政策文本测算了各省份基础研究专项政策的政策质量指数。政策工具是政策行动的反映，也是达成政策愿景的抓手（裴雷等，2016），政策质量水平由政策工具的供给水平共同决定，本研究借鉴 Estrada（2011）的研究，从政策工具完整度视角采用 PMC 政策指数测量政策质量。政策质量的测算过程如本书第四章第二节第（三）部分所示，考虑到尽量从政策文本实际内容视角考察，本研究剔除了政策影响、执行效力、扩散程度三方面因素，仅从研究目标、研究布局、基础设施、开放合作、人才支持、创新环境和资助体系等政策核心内容进行考察。基于相关省区的整体得分情况，分别按照 0≤政策质量总得分≤4、4＜政策质量总得分≤6、6＜政策质量总得分≤7 的标准将基础研究专项政策划分为弱、中、强 3 个等级，具体结果见表 4-16。据表 4-16 可知，基础研究专项政策质量属于“强”等级的有广东、吉林；属于“中”等级的包括浙江、四川、青海等 12 个地

区；属于“弱”等级的有广西、云南。由此可知，基础研究专项政策存在明显的质量差异，即使在同一等级区间，不同省份的基础研究专项政策也存在不同程度的质量差异。这为进一步验证基础研究专项政策的质量强弱效应与政策工具要素的作用机制提供了基础条件。

表 4-16　2001—2020 年各省基础研究专项政策质量得分表

省份	研究目标（X_1）	研究布局（X_2）	基础设施（X_3）	开放合作（X_4）	人才支持（X_5）	创新环境（X_6）	资助体系（X_7）	政策质量总得分/评级
广东	0.7778	1.0000	1.0000	1.0000	1.0000	0.9286	0.7500	6.4563/强
吉林	0.7222	1.0000	1.0000	0.8333	0.9167	0.9286	0.6250	6.0258/强
浙江	0.6111	1.0000	1.0000	1.0000	0.7778	0.6905	0.8750	5.9544/中
山东	0.5556	1.0000	1.0000	1.0000	0.8056	0.6429	0.7500	5.7540/中
四川	0.3333	1.0000	1.0000	0.8333	0.8889	0.8452	0.8750	5.7758/中
青海	0.4444	0.8750	1.0000	0.9167	0.8056	0.8095	0.7500	5.6012/中
辽宁	0.3333	1.0000	1.0000	0.9167	0.9167	0.6286	0.6250	5.4202/中
陕西	0.4444	0.7500	0.6667	1.0000	0.7222	0.7810	0.7500	5.1143/中
安徽	0.4444	0.8750	0.7778	0.7500	0.8056	0.8929	0.5000	5.0456/中
甘肃	0.3333	0.8750	0.7222	0.6667	0.7222	0.7310	0.7500	4.8004/中
重庆	0.3333	0.5000	0.8889	0.5833	0.8056	0.7452	0.7500	4.6063/中
天津	0.3889	0.3750	0.7778	0.8333	0.8056	0.7262	0.6250	4.5317/中
福建	0.2222	1.0000	0.7778	0.6667	0.6111	0.5548	0.5000	4.3325/中
内蒙古	0.4444	0.5000	0.6111	0.8333	0.6667	0.7452	0.6250	4.4258/中
广西	0.2778	0.5000	0.7222	0.6667	0.5833	0.7095	0.5000	3.9595/弱
云南	0.3333	0.3750	0.8889	0.8333	0.5000	0.5524	0.3750	3.8579/弱
均值	0.4375	0.7891	0.8646	0.8333	0.7708	0.7445	0.6641	5.1039/中

数据来源：作者整理计算所得。

（二）基础研究专项政策质量强弱效应检验与分析

为了检验基础研究专项政策对基础研究发展是否存在政策强弱效应，本研究使用省区基础研究专项政策质量总得分 $Brsp_{it}$ 对基础研究专项政策效果进行回归，模型设定如下：

$$Bre\_level_{it} = \alpha_0 + \alpha_1 Brsp_{it} + \alpha X_{it} + \lambda_i + \gamma_t + \varepsilon_{it} \tag{4-8}$$

式（4-8）中，i 表示省份，t 表示年份；λ_i 为省份固定效应，γ_t 为时间固定效应；Bre_level_{it} 表示基础研究专项政策效果，即地区年度 SCI 发文量；$Brsp_{it}$ 表示政策质量变量；X_{it} 表示一系列控制变量；ε_{it} 表示随机扰动项。

研究采用 2001—2020 年 30 个省级（宁夏暂缺，且不包含港澳台地区数据）地区样本进行估计，表 4-17 显示，$Brsp_{it}$ 值对基础研究专项政策效果的影响均显著为正，说明基础研究专项政策表现出显著的质量强弱效应，即基础研究专项政策质量越高其带来的积极效应越强。这一发现说明，质量水平越高的基础研究专项政策越能传递政府大力发展基础研究的决心，同时提供了更为全面和更高水平的政策支持，正向激励了创新主体投入基础研究创新活动，更有利于基础研究实现突破。由此，假设 3 得以验证。

表 4-17　基础研究专项政策的质量强弱效应检验结果

变量	（1）	（2）
Brsp	1.0202***（0.0003）	1.0201***（0.0003）
控制变量	未控制	控制
地区效应	控制	控制
时间效应	控制	控制
Constant	9.2278***（0.1886）	9.4266***（0.1049）
Wald X2	2.77e6***	2.76e6
N	600	600
Log likelihood	−92458.4770	−65018.6510

注：***表示在 1%水平上显著，括号内为稳健标准差。

（三）基础研究政策工具及其组合的影响

1. 基础研究政策工具对基础研究发展的影响

假设 4 认为在政策工具共同实施的过程中，各项政策工具要素的作用效果存在差异，导致了政策质量强弱效应。本研究根据基础研究专项政策各项政策工具的质量评估结果，检验了这一假设。具体而言，文章分别以基础研究专项政策的 7 个一级政策工具为解释变量对基础研究专项政策效果进行估计，通过识别各政策工具要素的显著性和比较各政策工具要素回归系数的大小，确定促成基础研究专项政策质量强弱效应的关键机制和作用效力。基于此思路，本研究采用 2000—2019 年 30 个省份的面板数据进行估计，结果如表 4-18 所示。其中，表 4-18 的列（2）显示，7 类指标系数均显著为正，说明基础研究专项政策的质量强弱效应通过研究目标（X_1）、研究布局（X_2）等 7 类具体作用机制与路径实现。通过比较系数可知，基础研究专项政策强弱效应实现机制效用（路径）的重要程度存在明显区别，其中研究目标（X_1）的作用效应最大，资助体系（X_7）和人才支持（X_5）的作用效应次之，创新环境（X_6）的作用效应最低。对此，本研究进一步分析其原因，认为主要包括：①全面发展基础研究的政策目标，使基础研究成为创新共同体的重要关注，在较短时间内激发了更多的基础研究创新行动，因此，其作用效应较大；②中国长期存在基础研究支持不够的局面，其中关键原因是经费不足造成的研究“起步难”“持续难”（蔡昉等，2020），而直接的研发经费投入和人才投入，既缓解了资金不足的问题又优化了人才供给，其作用效应快且明显，因此，人才支持（X_5）和资助体系（X_7）两类工具在短期内形成了较好的作用效应；③相较于直接的资金投入，研究环境和基础设施的建设均需较长周期，此两类政策工具尽管具有显著的促进效应，但由于基础研究专项政策的实施周期还比较短，研究环境和基础设施还远未达到显著的提升状态，其巨大的促进效应还未发挥出来，这就是两者的作用效应较低的原因。据以上分析，文章研究假设 4 也得以验证。

表 4-18　基础研究专项政策质量强弱效应的机制分析

变量	（1）	（2）
研究目标（X_1）	1.3570***（0.0041）	2.4211***（0.0248）
研究布局（X_2）		1.0674***（0.0078）
基础设施（X_3）		0.8275***（0.0107）
开放合作（X_4）		0.9587***（0.0111）
人才支持（X_5）		1.1431***（0.0246）
创新环境（X_6）		0.4778***（0.0075）
资助体系（X_7）		1.4867***（0.0184）
控制变量	控制	控制
地区效应	控制	控制
时间效应	控制	控制
Constant	9.3590***（0.1044）	9.1448***（0.1039）
Wald X^2	2.76e^6	2.76e^6
N	600	600
Log likelihood	−62210.2910	−59069.5630

注：***表示在 1%水平上显著，括号内为稳健标准差。

2. 基础研究政策工具组合对基础研究发展的影响

文章假设 5 认为，基础研究专项政策存在政策工具的组合效应且不同组合形态具有差异性的组合效应。为检验本假设，本研究构建了不同政策工具的交互项，以验证政策工具间是否存在组合效应，并依据模型测算的估计参数，判断不同政策工具组合的效果。考虑到人力、物力和财力是推动基础研究发展的基本条件，本研究将基础研究专项政策中的人力支持、资助体系和基础设施作为分析各类组合效应的基础要素，在此基础上分别考察它们与研究目标、研究布局、开放合作和创新环境四类要素在不同组合方式下的实际效果与作用差异。

如表 4-19 所示，在以人力支持、资助体系和基础设施为基础要素的条件下，各类要素的组合形态均对基础研究发展产生了不同程度的积极效益。从表 4-19 至少可以得出以下三点结论。第一，在最少工具要素的情况下，“人才支持*资助体系*基础设施*开放合作”的组合效应更好，由此可以推论这是地方以基础研究专项政策推动基础研究发展“最实惠的方式”；第二，基础研究专项政策工具要素组合效应确实存在协同和消减两种不同的效应结果。如“人才支持*资助体系*基础设施*研究目标”的组合方式在加入开放合作的工具要素后，对基础研究发展的影响系数从 3.3575 上升到了 12.9086。而“人才支持*资助体系*基础设施*研究布局”在容纳创新环境要素后对基础研究发展的影响系数从 2.0886 下降到了 1.6937，引起下降的原因应有两方面：一方面，创新环境的重塑通常有改革阵痛期，科研人员对部分环境的改变会有一定的适应期，使其不能全身心投入研究，进而影响了短期内的创新产出；另一方面，如前文所述，创新环境的塑造具有周期长、见效慢的特征，而创新环境塑造分走了部分创新投入，影响了短期效应较为明显的直接研究经费的投入量，进而拉低了短期内的创新效应。这一结果进一步表明，创新环境的塑造不具有典型的短期效应，其发挥重要作用更着眼于长期。第三，从各类政策工具组合对基础研究发展的增益效果看，包含开放合作的组合方式的效果更好。原因可能在于多种类型的创新合作能从更广范围实现优质创新资源的整合，为基础研究突破提供了更大可能性，这与已有研究认为当今创新突破更加依赖开放、协同的合作创新的结论一致（薛澜等，2018）。因此在保证人才支持、资助体系和基础设施三类工具要素正常运行的前提下，将政策资源向开放合作工具要素适当倾斜，将有效提升资源配置效率，取得更大的创新收益。

表 4-19　基础研究专项政策工具要素组合效应分析结果

直接效应	IRR
人才支持*资助体系*基础设施*研究目标→基础研究发展	3.3575***
人才支持*资助体系*基础设施*研究布局→基础研究发展	2.0886***
人才支持*资助体系*基础设施*开放合作→基础研究发展	4.3221***
人才支持*资助体系*基础设施*创新环境→基础研究发展	1.7901***
人才支持*资助体系*基础设施*研究目标*研究布局→基础研究发展	2.6724***
人才支持*资助体系*基础设施*研究目标*开放合作→基础研究发展	12.9086***
人才支持*资助体系*基础设施*研究目标*创新环境→基础研究发展	0.3821***
人才支持*资助体系*基础设施*研究布局*开放合作→基础研究发展	6.5713***
人才支持*资助体系*基础设施*研究布局*创新环境→基础研究发展	1.6937***
人才支持*资助体系*基础设施*开放合作*创新环境→基础研究发展	1.5873***
人才支持*资助体系*基础设施*研究目标*研究布局*开放合作→基础研究发展	16.6385***
人才支持*资助体系*基础设施*研究目标*研究布局*创新环境→基础研究发展	0.3618***

注：***表示在 1%水平上显著，括号内为稳健标准差。

五、本节小结

在面临前沿技术差距缩小、关键技术“卡脖子”和自主创新能力不足等情况下，发展基础研究成为提升自主创新能力的基本共识。在此情境下，通过基础研究专项政策为基础研究发展提供资源、平台、制度、人才和环境支持，优化了基础研究创新生态，成为全面发展基础研究时期推动基础研究发展的重要抓手。因此，有效评估基础研究专项政策的实际效果和梳理政策的作用机制成为重要的议题。本节首次利用 2001—2020 年全国 30 个省区的平衡面板数据，采用双重差分模型实证分析了基础研究专项政策的实际效果。结果如下：①实施基础研究专项政策的省份，基础研究 SCI 论文发表量显著增长，基础研究专项政策的积极效果得以验证，该结论在经过多重稳健性检验后依然成立；②基础研究专项政策效果存在明显的区域异质性，即由于地区客观条件差异，基础研究专项政策在东中西部地区呈现出政策“边际效应递减规律”；③基础研究专项政策存在明显的政策质量强弱效应，即政策质量水平越高，对基础研究发展的推动作用就越强，同时，基础研究专项政策质量强弱效应的作用机制具有多维性与主次性，7

类政策工具均呈现显著的正向促进效应，其中研究目标工具的作用效应最强，而创新环境工具的作用效应最弱；④政策工具组合存在协同效应和消减效应，保证人、财、物投入的情况下，在各类工具组合态中包含开放合作的组合对基础研究的增益效果更好。

基础研究专项政策有效推动了基础研究发展，本研究认为其推动逻辑主要包括以下三方面。①政策具有约束和保障作用。《“十四五”规划和 2035 年远景规划纲要》明确提出基础研究经费投入要提高到 R&D 经费的 8%，显然，基础研究投入不是目的，产出才是目的。国家以行政发包的方式实现任务分流，地方政府认领任务，客观上形成了地方发展基础研究的压力；同时，地方官员基于晋升激励驱动，形成了主动发展基础研究的动力。基于以上两方面，地方政府通过政策约束基础研究必要的投入和确保政策落实，缓解了基础研究投入不足的情况，使更多的基础研究计划或项目能实际开展，进而促进了基础研究发展。②政策具有激励和导向作用。专项政策出台，不仅增加了基础研究的研发投入，还从制度上给予了多方面保障，对更多创新主体投入基础研究、开展基础研究、安心于基础研究具有激励和导向作用；同时，基础研究专项政策不仅对自由探索性的基础研究提供支持，还规划了重点领域的基础研究攻关，自由探索和定向攻关齐发力，有利于基础研究实现突破。③市场的创新发展需要，促进了基础研究专项政策的有效落实。政策只有落实为政策行动才能形成实际的激励，行政发包和晋升激励形成了政府内部的执行动力，市场进一步创新发展需要更多的基础研究提供支持，构成了政策执行的外部动力，内外部的同向驱动，推动了基础研究专项政策被有效执行，进而提升了基础研究创新产出。

第五章　地方的基础研究发展

本章将以广东省、四川省、深圳市作为案例，分析中国地方基础研究发展的现状与问题，并研提推动地方基础研究发展的政策建议。选择这三个地区的主要原因在于：第一，作为我国经济社会发展的排头兵，广东区域创新综合能力位居全国前列，广东要有把握历史大势的紧迫感和大局观，全面加强基础研究，加快建设成为全球有重要影响力的原始创新高地；第二，作为全国基础研究大省，四川有能力也有责任增强知识创造和知识获取能力，补足基础研究与应用基础研究短板，发挥区域创新优势与特色，建设全国基础科学研究中心；第三，深圳在经济发展和企业创新上都取得了引人注目的成绩，但其基础研究投入薄弱，对于深圳的研究，有助于深入探讨基础研究与经济发展之间的关系。

第一节　广东的基础研究发展

一、广东基础研究的发展基础与主要问题

第一，广东以国家重点实验室为依托的基础研究平台位居全国前列，但与北京、上海、江苏等地区相比，仍存在明显差距。如表 5-1 所示，广东拥有的国家重点实验室数量位居全国前列，且主要分布在生物、医学、材料、工程、信息等科学领域。其中，企业国家重点实验室数量占比 39.39%，这使得广东基础研究能与战略性新兴产业的发展方向较为契合。广东国家重点实验室主要集中在广州与深圳，另外东莞、珠海、肇庆也有分布。广州以学科国家重点实验室为主，深圳以企业国家重点实验室为主。相比之下，北京国家重点实验室数量明显高于广东，上海、江苏也要略高于广东，但广东与上海、江苏的差距主要在于学科国家重点实验室，因此未来广东

需要加强科学实验平台的建设，助力基础研究水平迈向新的台阶。

表 5-1 主要省（直辖市）国家重点实验室数量

省份	学科国家重点实验室	省部共建国家重点实验室	企业国家重点实验室	总计
广东	14	6	13	33
北京	134	3	37	174
上海	40	5	11	56
江苏	27	4	20	51
浙江	12	7	2	21

资料来源：2017 年科学技术部公布的国家重点实验室年度报告及科技部官网。

第二，基础研究经费投入稳步增长，研发结构不断优化，但基础研究经费投入占比仍偏低。如图 5-1，1998—2018 年，广东基础研究经费投入从 1.14 亿元增加到 115.18 亿元，基础研究投入规模不断扩大，并保持较快增长速度，但增速仍低于应用研究和试验发展。基础研究经费投入占研发投入比重虽然在 1998—2001 年间持续下降，但此后该比重在波动中上升，2015 年以后上升趋势显著，表明广东研发结构不断优化，以适应经济发展阶段的变迁。2018 年基础研究经费投入占比虽然为 4.26%，但相较于 2017 年有所回落。无论是与全国层面相比，还是与北京、上海等地区相比，广东基础研究经费投入占比仍偏低。2018 年全国基础研究投入占比为 5.54%，比广东高 1.28%。2017 年北京、上海基础研究投入占比分别为 14.7%、7.7%，分别比广东高 10.03%、3.03%。可见，在当前经济发展阶段下，广东基础研究投入强度偏低，未来应进一步提高基础研究投入在研发投入中的比重方能支撑区域经济的跨越式发展。

第三，高校是广东执行基础研究的重要主体，企业研发投入中基础研究占比偏低是制约广东基础研究发展的关键因素。如图 5-2，2009—2017 年广东基础研究投入中高校所占比重一直高于研发机构与企业，2017 年高校占比 58.19%，高校是广东全面加强基础研究的重要基础。在大多数年份，研发机构占比要高于企业，但从 2015 年开始，企业占比连续两年逐年提升，2017 年企业占比超过研发机构占比，广东企业参与基础研究的积极性逐渐增强。企业研发投入中用于基础研究的比重明显偏低是制约广东基础研究发展的关键因素。2017 年广东企业基础研究投入占比为 1.3%，而除俄罗斯外的其他国家在早些年份均已达到 6%以上。广东与俄罗斯的经济总量相近，但企业基础研究投入占比却还要略低俄罗斯 0.2 个百分点。虽然近年来以华为为代表的一批大型企业加强了基础研究，但大部分企业研发资金中用于基础研究的部分仍明显偏低，显著制约了广东基础研究水平的整体提升。

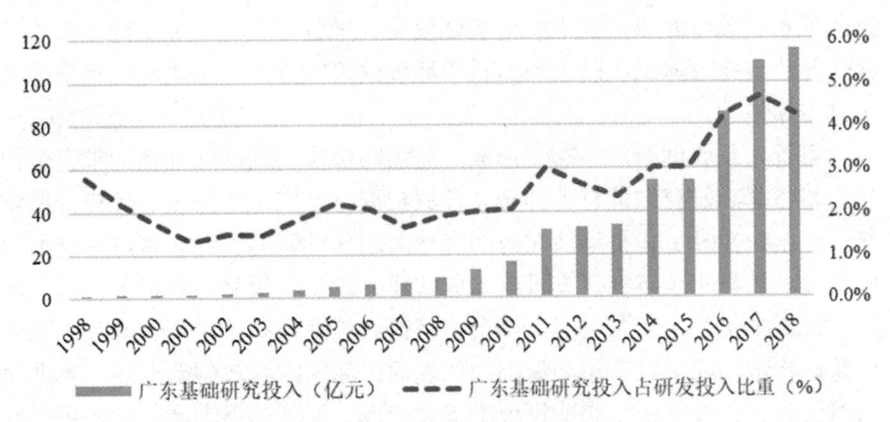

图 5-1　广东基础研究发展的变化趋势（1998—2018 年）

资料来源：中国科技统计年鉴、2018 年广东省科技经费投入公报。

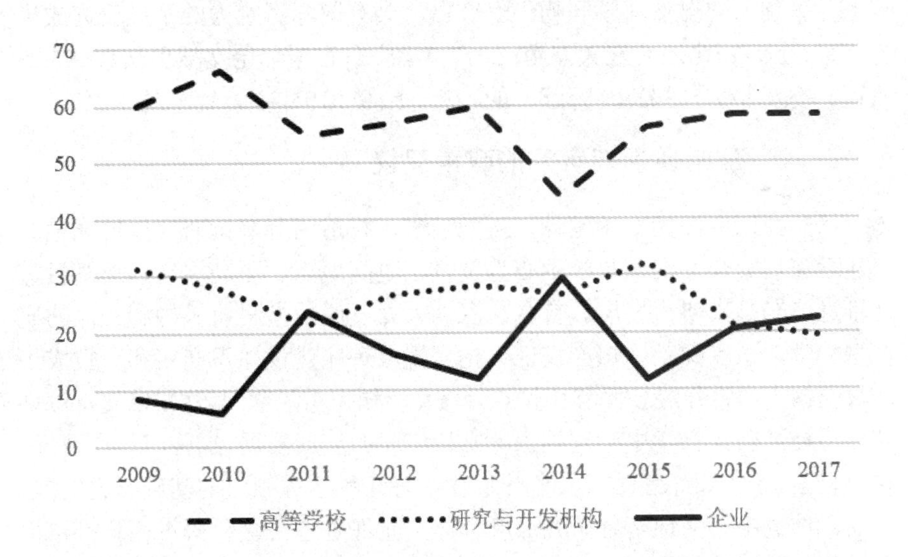

图 5-2　广东基础研究投入中各执行主体所占比重（2009—2017 年）

资料来源：中国科技统计年鉴。

第四，广东率先出台基础研究政策，形成完善政策支撑体系。2018 年

1 月国务院出台《关于全面加强基础科学研究的若干意见》后，广东同年 8 月率先出台了省级加强基础研究的政策，深圳、广州、汕头等城市也陆续颁布了加强本市基础研究的政策，目前广东形成了较为完善的基础研究政策。广东基础研究政策重点突出基础设施、平台建设、资金支持、人才培养、开放合作、体制机制创新、科研环境改善等方面，构建起完善的政策工具支撑体系。

第五，开放创新网络初步形成，但国际协同创新网络体系尚未完全构建，整体基础研究效能有待提升。开放和创新是广东的最核心优势。近年来，广东积极吸引包括港澳在内的全球高端基础研究资源集聚，港澳大学独自设立或与广东省内研究机构主体共建分校、实验室等创新平台，引进了一批诺贝尔奖、菲尔兹奖、图灵奖获得者等海外高层次基础研究人才或团队，初步形成了以广州和深圳为代表的国际国内开放创新网络，粤港澳大湾区国际科技创新中心建设迈出重要步伐。但制约粤港澳三地创新要素自由流动的体制机制障碍尚未完全破除，国际科技创新主要以广州和深圳为主，基础研究人员参与国际大科学计划和大科学工程的比例仍较低，具有世界影响力的自然科学刊物仍然空白，具有国际影响力的基础研究成果与北京、上海相比还有较大差距。2017 年，广东省国际论文被引次数（95.23 万篇）不及北京（342.19 万篇）的 1/3、上海（195.81 万篇）的 1/2。

二、广东加强基础研究的政策建议

第一，以广深为双轮驱动，协同港澳，打造国际基础研究发展高地。以建设深圳综合性国家科学中心为契机，更高地点、更高层次、更高目标地推进广东基础研究发展。首先，深圳大力发展新型科研机构和一流的研究型大学，试点探索知识产权证券化，规范有序建设知识产权和科技成果产权交易中心，开展技术移民试点，培育“知识市场”。其次，以支持深圳建设综合性国家科学中心同等力度支持广州的创新发展，加强广州在数学、材料科学、化学、农业科学、临床医学、海洋科学等领域的基础研究发展。最后，推进深港两地基础研究深度合作，允许香港公营科研机构直接申请深港创新圈项目，推动粤港澳大湾区重大科研基础设施和大型科研仪器的开放共享。

第二，以各级重点实验室为依托，构建各具特色的区域基础研究发展格局。面向科技前沿领域，形成定位准确、目标清晰、布局合理、引领发展的基础研究平台体系。首先，支持广州借助高校和研发机构丰富的创新资源，在粒子物理和核物理、医用材料、空间和天文等领域建设学科国家重点实验室，进一步提升广东原始创新能力。其次，支持深圳整合企业创新资源，在生物基因与抗病毒、智能制造、海洋工程等领域建设省部共建或企业国家重点实验室，强化面向广东重大发展需求的应用基础研究。最后，珠海、东莞、佛山、肇庆、汕头等城市结合自身研究基础与产业优势，在原来建设基础上，再深化部署建设一批省级重点实验室，加强面向重大产业需求的应用基础研究。

第三，创新研发经费投入模式，提升基础研究资源配置效率。建立多元化、多渠道、多层次的基础研究投入体系，探索研发、科技和资本汇聚的新模式。首先，以市场化方式筹建广东产业技术综合研究所，便利化资助审核程序，以政府资金引导社会资金进入基础研究领域，加强广东应用基础研究和创新成果商业化效率。其次，面向粤港澳大湾区，积极展开与国开行的深入合作，谋划设立“大湾区科研基金”“湾区科技银行”等科技金融机构，资助针对战略性新兴产业的基础研究或应用基础研究。最后，进一步明确广东各重大基础研究计划（项目）的使命、目标与任务，确定重点资助领域，形成错落有致的项目资助体系，避免重复资助，提升基础研究资源的配置效率。

第四，深化科研管理制度改革，形成共识与非共识基础研究协调发展的良好局面。针对共识与非共识基础研究的研究特定，探索差异化的科研管理制度。在共识基础研究方面，首先，在法律法规和学术伦理框架下，加强基础研究数据库建设，实现广东基础研究数据的开放、共享与利用；其次，探索基础研究悬赏制度，围绕广东基础研究的短板领域，遴选一批重大科研项目，面向全球征集攻关团队，购买符合条件的创新成果和解决方案。在非共识基础研究方面，首先，设立专门的探索性研究基金，弱化基础研究的硬指标考核，保护小众学科的人才队伍，切实支持科研人员敢于尝试，不怕失败，探索前沿未知领域；其次，在省属高校试点职称评定改革，破除职称评定中“唯项目级别”的条件，更应关注研究项目的基础价值和创新性贡献，小项目也能做出大贡献，支持非共识基础研究人员的人才培养。

第五，切实推进国际科技合作与交流，着力构建以广东为主的国际科技合作新格局。开放是广东的核心优势，广东基础研究的发展也应构建起高效的国际创新网络，打造为全球创新高地。首先，进一步优化完善粤港澳基础科学研究合作体制机制，切实推动三地在科研经费使用、人才流动、项目共同申报、仪器设备通关等方面的便利化通道建设。其次，支持鼓励基础科研人员“走出去”，建立鼓励科研人员参加高水平国际学术组织和国际学术会议的激励机制，对参与国际大科学计划与大科学工程的科研人员在出国派遣等方面给予一定的弹性空间。最后，依托省内大科学装置、省重点实验室等重大科技创新平台，主动发起国际合作计划或项目，积极引进海外优秀创新人才来粤工作。

三、本节小结

本节的研究发现：广东以国家重点实验室为依托的基础研究平台位居全国前列，但与北京、上海、江苏等地区相比，仍存在明显差距；基础研究经费投入稳步增长，研发结构不断优化，但基础研究经费投入占比仍偏低；高校是广东执行基础研究的重要主体，企业研发投入中基础研究占比偏低是制约广东基础研究发展的关键因素；广东率先出台基础研究政策，形成完善的政策支撑体系；开放创新网络初步形成，但国际协同创新网络体系尚未完全构建，整体基础研究效能有待提升。因此，本节建议：以广深为双轮驱动，协同港澳，打造国际基础研究发展高地；以各级重点实验室为依托，构建各具特色的区域基础研究发展格局；创新研发经费投入模式，提升基础研究资源配置效率；深化科研管理制度改革，形成共识与非共识基础研究协调发展的良好局面；切实推进国际科技合作与交流，着力构建以广东为主的国际科技合作新格局。

第二节　四川的基础研究发展

一、四川基础研究的发展基础与主要问题

第一，四川拥有良好的基础研究设施与平台，但与国内重要创新地区相比，仍存在明显差距。当前布局在川的国家重大科技基础设施有 9 个，数量仅次于北京、上海，位居全国前列。四川拥有 12 家国家重点实验室，分布在材料、地质、医学、信息、生物、工程等众多基础研究领域。四川

国家重点实验室主要分布在成都，在绵阳、德阳、攀枝花也有所布局。如表 5-1 所示，与北京、上海、广东、江苏等省市相比，四川国家重点实验室布局仍存在两方面的差距。一方面，数量上显著低于上述省市，与四川基础研究大省的地位不匹配；另一方面，企业国家重点实验室数量不足，这会制约四川面向“5+1”产业重大需求的应用基础研究能力的提升。

第二，基础研究经费投入稳步增长，但基础研究经费占研发经费比重偏低，研发结构有待调整和优化。如图 5-3，1998—2018 年，四川基础研究经费从 1.24 亿元增加到 40.1 亿元，规模不断扩大，并保持较快增长速度。然而，基础研究经费占研发经费比重并未出现明显上升。特别是 2012 年以后，基础研究经费占比从 7.14%下降到 5.44%。2018 年，全国、北京、上海基础研究经费占比分别为 5.54%、15%、8%，可见四川基础研究经费占比略低于全国水平，显著低于重要创新地区。国际发展经验显示，各主要创新国家基础研究经费占比都在 10%以上。数据表明，四川基础研究经费投入仍明显不足，需及时调整和优化研发结构，提升基础研究经费占研发经费的比重，增强区域原始创新能力，实现关键核心技术的突破，推动四川新经济发展迈向新台阶。

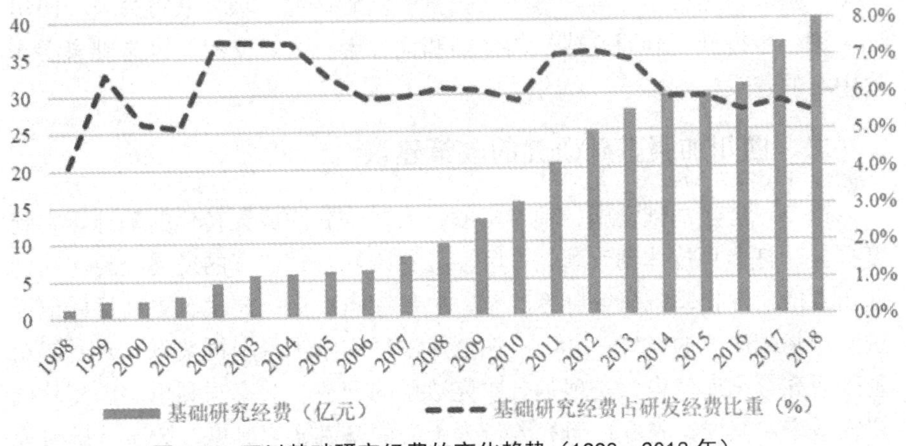

图 5-3　四川基础研究经费的变化趋势（1998—2018 年）

资料来源：1999—2018 年中国科技统计年鉴、2018 年四川省科技经费投入统计公报。

第三，高校和研发机构是四川执行基础研究的重要主体，但各执行主体研发经费中基础研究投入占比偏低严重制约了四川基础研究水平的跃升。2017 年，四川高校、研发机构基础研究经费占全省基础研究经费的比重分别为46.3%、48%，可见高校与研发机构在四川基础研究中占据同等重要的位置。值得注意的是，2017 年，四川高校研发经费中基础研究经费占比30.6%，比全国低11.4个百分点；研发机构研发经费中基础研究经费占比8%，比全国低7.8个百分点；企业研发经费中基础研究经费占比0.7%，比全国高0.5个百分点。在国际比较视野下，四川高校、研发机构、企业研发经费中基础研究经费占比均明显偏低。数据表明，四川高校、研发机构、企业参与基础研究的积极性仍很低，显著制约了四川基础研究水平的整体跃升。

第四，四川取得了一系列高显示度标志性基础研究成果，但与建设全国基础科学研究中心的要求仍存在一定差距。四川基础研究团队面向世界科技前沿、面向国家重大需求、面向产业关键短板，展开了一系列基础研究与应用基础研究工作，并取得了高显示度标志性的研究成果。2016年，四川发表SCI论文12231篇，占全国的4.2%，位居全国第9位。2008—2018年间，全国基本科学指标数据库（Essential Science Indicators，ESI）高被引用论文突破300篇的高校有31所，其中四川2所，占比6.5%，四川大学位列第21位、电子科技大学排名第28。此外，2018年，四川有32个项目获国家科学技术奖，数量位列西部第一、全国第六，但国家最高科学技术奖、国家自然科学一等奖等极具分量的基础研究奖项未获得突破。四川还需进一步提升基础研究成果的全国和世界影响力，支撑全国基础科学研究中心的建设。

二、四川加强基础研究的政策建议

第一，构建基础设施、项目资助、人才培养、成果转化的基础研究制度框架，打造科技体制改革先行区。借鉴国际基础研究的发展经验，结合四川省情，深化基础研究制度改革，更高起点、更高层次、更高目标地推进四川基础研究的发展。其一，在法律法规和学术伦理框架下，开展四川基础研究数据库建设，实现基础研究数据的开放、共享与利用，提高基础研究效率。其二，建立以研究人员为中心的基础研究制度，改革基础研究项目的评审、资助、管理、评估体系，增强研究人员在基础研究中的权威性与自主性，培养全球最具影响力的科学家，开展技术移民试点。其三，探索基础研究悬赏制度，围绕四川乃至全国基础研究短板领域，遴选一批重大基础研究项目，面向全球征集攻关团队，购买符合条件的创新成果和解决方案。其四，探索知识产权证券化，规范有序建设知识产权和科技成果产权交易中心。

第二，构建各具特色的区域基础研究发展格局，强化与“一带一路”国家、粤港澳大湾区、重庆的基础研究协同合作。面向世界科技前沿，形成定位准确、目标清晰、布局合理、协同有效、引领发展的基础研究支撑体系。其一，支持成都、绵阳进一步加快布局和建设一批大科学装置和国家重点实验室，以取得具有国际影响力的高显示度基础研究成果。其二，支持成都、绵阳、德阳、自贡、攀枝花、宜宾等创新基础较好的地区结合自身产业发展优势，建设一批省级重点实验室，加强面向重大产业需求的应用基础研究，实现产业关键核心技术的重大突破。其三，加强四川与“一带一路”国家的基础研究合作，提升研究的国际化程度；加强四川与粤港澳大湾区在信息技术、农业技术、中医药、生命科学、新材料等基础研究领域的合作，推动重大科研基础设施和大型科研仪器的开放共享；与重庆探索设立基础研究联合基金，瞄准农业、生态环境保护等重点领域共建省级重点实验室。

第三，加大政府资助力度，创新多元化基础研究投入模式，设立地方探索性研究基金，支持“非共识”基础研究。建立多元化、多渠道、多层次的基础研究投入体系，探索金融、科技和资本汇聚的新资助模式，力争四川基础研究经费占研发经费比重提高到 10%—15%。其一，在建立财政科技投入稳定增长机制、加大对企业自主创新财政资金支持力度的基础上，引导地方性和社会性科技支持资金提高资助规模，便利化资助审核程序，让更多地方性和社会性资金进入基础研究领域。其二，进一步明确各重大基础研究计划（项目）的使命、目标与任务，确定重点资助领域，形成错落有致的项目资助体系，避免重复资助，提升基础研究资源的配置效率。其三，设立类似欧盟科研基金的探索性研究基金，加大“非共识”基础研究的支持力度，弱化基础研究的硬指标考核，切实支持科研人员敢于尝试，不怕失败，探索前沿未知领域。

第四，面向产业发展重大需求，激励企业参与应用基础研究，发挥市场对技术方向、路线选择、要素配置的导向作用。企业参与应用基础研究有助于解决产业发展中的基础性问题，实现基础研究与应用研究的融合发展，提升研究成果的商业化效率。四川应充分发挥市场在应用基础研究中的导向作用。其一，在电子信息、人工智能、生物医学、新材料、先进核能、空天技术等四川优势产业或技术领域，支持符合条件的企业自主立项基础研究项目，政府给予一定比例的科研经费资助。其二，支持企业探索基础研究项目经理人制度，赋予项目经理人进行项目组织实施、跟踪评估、财务监督等管理权限，提高企业基础研究效率和成果质量。其三，完善面向基础研究的知识产权保护制度，维护企业因基础研究创新而获得的经济利润，增强企业参与应用基础研究的积极性。

第五，改革人才评价机制，充分发挥科研团队集中力量攻关“卡脖子”技术的作用。现行的人才评价与晋升机制是以个人成果为导向，并突出被评价人的“第一作者”地位，这就导致科研人员不能全身心投入科学研究团队的工作中，为重大技术的攻关贡献真正的智慧，而是更加青睐发表“短平快”的学术论文。现代技术的更替速度日益加快，创新难度越来越大，这就要求“卡脖子”技术的攻关和突破，必须以团队的形式展开，聚合科研人员的智慧。基于此，人才评价应由个人导向转向团队导向。四川可以省属高校和科研机构为试点，改革人才评价机制，突出科研人才在团队中的实际贡献，承认和尊重团队带头人对团队成员的绩效评价，并做好相关的约束措施，确保改革的顺利实施。

三、本节小结

本节的研究发现：四川拥有良好的基础研究设施与平台，但与国内重要创新地区相比，仍存在明显差距；基础研究经费投入稳步增长，但基础研究经费占研发经费比重偏低，研发结构有待调整和优化；高校和研发机构是四川执行基础研究的重要主体，但各执行主体研发经费中基础研究投入占比偏低严重制约了四川基础研究水平的跃升；四川取得了一系列高显示度标志性基础研究成果，但与建设全国基础科学研究中心的要求仍存在一定差距。因此，本节建议：构建基础设施、项目资助、人才培养、成果转化的基础研究制度框架，打造科技体制改革先行区；构建各具特色的区域基础研究发展格局，强化与“一带一路”国家、粤港澳大湾区、重庆的基础研究协同合作；加大政府资助力度，创新多元化基础研究投入模式，设立地方探索性研究基金，支持“非共识”基础研究；面向产业发展重大需求，激励企业参与应用基础研究，发挥市场对技术方向、路线选择、要素配置的导向作用；改革人才评价机制，充分发挥科研团队集中力量攻关“卡脖子”技术的作用。

第三节　深圳的基础研究发展

一、深圳研发经费投入现状

第一，R&D 经费投入强度位居全球前列。“十三五”期间，深圳 R&D 经费投入从 2016 年的 842.96 亿元增加到 2020 年的 1364.14 亿元，年复合增长率 12.79%。相应的，R&D 经费投入强度（R&D 经费投入占 GDP 比重）从 2016 年的 4.08%上升到 2020 年的 4.93%，增加了 0.85 个百分点。如图 5-4 所示，2020 年，深圳 R&D 经费投入强度比全国高 2.53 个百分点，比广东高 2.03 个百分点。从国际层面看，深圳 R&D 经费投入强度要高于美国、德国、新加坡、日本等世界主要创新型国家。进一步，与广州、北京、上海、香港等国内超大型城市相比，深圳研发投入强度仅低于北京，比广州、上海、香港分别高 1.93、0.83、4.01 个百分点。

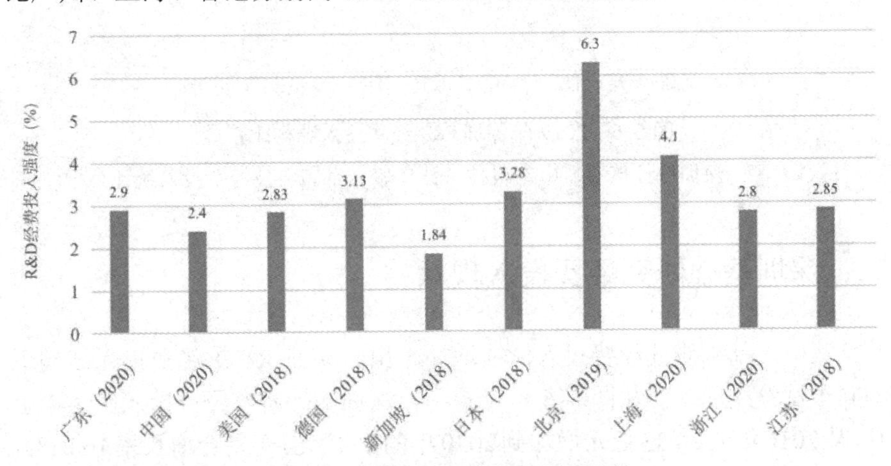

图 5-4　深圳 R&D 经费投入强度比较

资料来源：中国科技统计年鉴，广东、深圳、广州、上海的“十四五”规划，香港创新活动统计，相关新闻报道。

第二，R&D 经费投入结构更偏向于试验发展。如图 5-5 所示，2019 年，全国、广东、深圳超过 82%的 R&D 经费投向了试验发展。相比较而言，深圳 R&D 经费投入结构更加偏向于试验发展，试验发展经费占比高达 89.8%。从北京和上海的情况来看，北京与上海在试验发展上的偏向性没有深圳明显，特别是北京。试验发展是指利用从基础研究、应用研究和实际经验所获得的现有知识，为产生新的产品、材料和装置，建立新的工艺、系统和服务，以及对已产生和建立的上述各项做实质性的改进而进行的系统性工作。因此，更偏向于试验发展的 R&D 经费投入结构为深圳的产业创新提供了充足的经费保障，推动了深圳企业的创新发展。

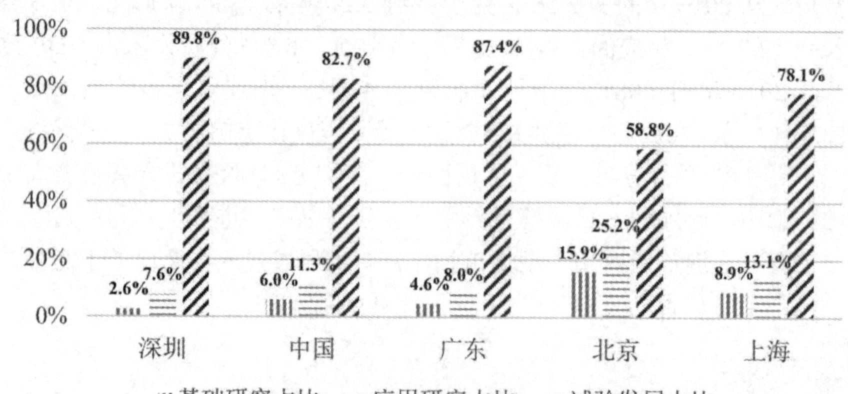

图 5-5　2019 年深圳 R&D 经费投入结构比较

资料来源：深圳统计年鉴、中国科技统计年鉴、全国科技经费投入统计公报。

二、深圳基础研究经费投入现状

第一，基础研究经费投入持续增加。虽然深圳 R&D 经费投入结构更偏向于试验发展，但从图 5-6 可以看到，深圳基础研究经费投入在逐年上升，从2016年的24.33亿元增加到2020年的45亿元，年复合增长率16.63%，比 R&D 经费投入增长速度快 3.84 个百分点。从基础研究经费占 R&D 经费比重看，虽然 2017—2019 年基础研究经费占 R&D 经费比重在 2018 年、2019 年有所下滑，但 2020 年该比重上升到 3.3%，比 2019 年增加了 0.71 个百分点。

图 5-6　深圳基础研究经费投入（2016—2020 年）

资料来源：深圳统计年鉴、相关新闻报道。

第二，R&D 经费投入中基础研究占比长期偏低。深圳、北京、上海、广州四个城市的经济发展水平基本相当，但深圳 R&D 经费投入中基础研究占比显著低于其他三个城市。深圳比北京、上海、广州分别低 12.6、5.6、10.6 个百分点。进一步，日本、韩国、美国、英国、瑞士等国家经济发展水平高于深圳，同时这些国家的基础研究经费占比均高于 13%，尤其瑞士高达 41.7%。美国作为全球科技创新强国，其 R&D 经费投入中基础研究占比也达到了 16.6%。因此，无论与经济发展水平相近的创新型城市相比，还是与经济发展水平相对较高的创新型国家相比，都可以判断深圳基础研究经费占 R&D 经费比重处于一个偏低的水平。此外，“十三五”期间深圳基础研究经费占比并没有实质性的提高，均值在 3%左右，由此说明深圳 R&D 经费投入中基础研究占比长期处于一个偏低的水平。

第三，基础研究投入不足制约了原始创新能力提升。深圳近 90%的 R&D 经费用于试验发展，极大地推动了深圳的产业创新发展，企业保持了高位的科技创新活力。但仅有 3.3%的 R&D 经费用于基础研究，又会制约深圳原始创新能力的提升。从国家自然科学奖一窥深圳在原始创新方面的情况。国家自然科学奖授予在基础研究和应用基础研究中，阐明自然现象、特征和规律、做出重大科学发现的公民，可见城市牵头完成的国家自然科学奖在很大程度上反映了城市的原始创新能力。如图 5-7 所示，2019 年度的获奖结果中，北京与上海作为牵头城市完成的国家自然科学奖分别为

18、8 项，广州也牵头完成了 1 项国家自然科学奖，而深圳在国家自然科学奖上“颗粒无收”。此外，同年度，广东省牵头完成的国家科学技术奖共有 10 项，其中广州占了 9 项，深圳贡献度不够。数据表明，在奖励产业创新、科技成果转化的国家科学技术进步奖上，深圳科研院所、企业虽然有获奖，但没有起到主导作用，更多的是参与的角色，这也说明当前深圳的试验发展还并不是高水平的产业创新。

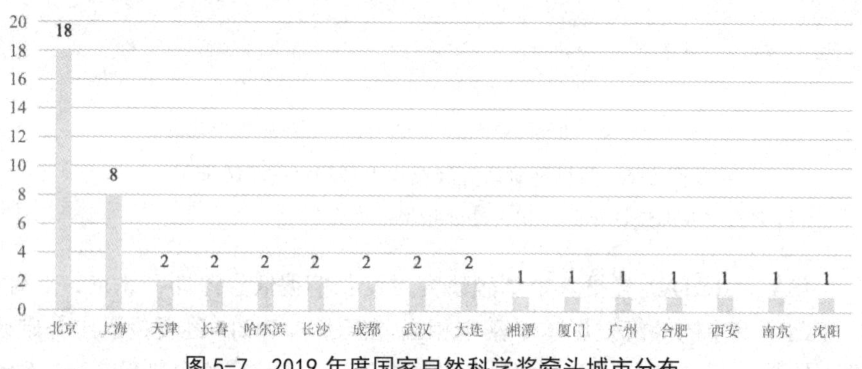

图 5-7　2019 年度国家自然科学奖牵头城市分布

资料来源：相关新闻报道。

第四，企业是 R&D 经费绝对投入主体的格局制约了 R&D 经费投入中基础研究占比的提高。如图 5-8 所示，2019 年深圳 R&D 经费中 94.02%来源于企业，仅有 5.64%的 R&D 经费来自政府。与世界主要创新型国家和国内重要创新型城市相比，企业是深圳 R&D 经费的绝对投入主体。例如，在美国，R&D 经费来源中企业、政府的占比分别为 62.4%、23%；北京 R&D 经费中政府与企业投入比例基本相当，分别为 47.87%、44.18%。基础研究具有极强的正外部性、高风险、高成本等特征，同时基础研究并不产生直接的经济效应，这导致企业从事基础研究的动力不足。如图 5-9 所示，2016—2019 年，深圳规模以上工业企业执行的 R&D 经费用于基础研究的比重呈下降趋势，从 2016 年的 1.65%下降到 2019 年的 0.89%，而试验发展上的投资在加强。在国际比较视野下，深圳企业投资基础研究的积极性也明显偏低。美国、日本、英国、韩国等国家企业 R&D 经费支出中用于基础研究的比重分别为 6.1%、7.5%、6.7%、11.9%。因此，当企业成为 R&D 经费的绝对投入主体时，就会导致基础研究投入不足，从而制约了深圳 R&D 经费中基础研究占比的提升。

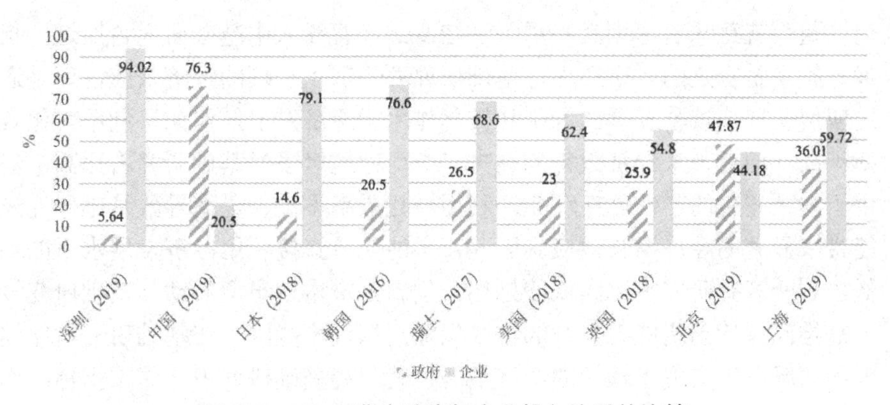

图 5-8　R&D 经费中政府与企业投入比重的比较

资料来源：中国科技统计年鉴、深圳统计年鉴。

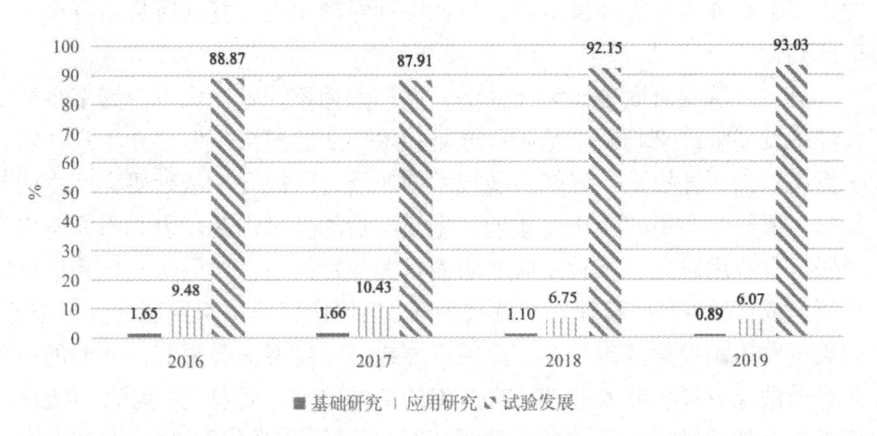

图 5-9　深圳规模以上工业企业 R&D 经费投入结构（2016—2019 年）

资料来源：深圳统计年鉴。

三、科学认识深圳研发经费投入中基础研究占比的内涵

第一，基础研究并不产生直接的经济效应，不能简单利用经济发展水平的高低去判断基础研究占比高低的好坏。深圳 R&D 经费投入中基础研究占比长期处于一个偏低的水平，但同时深圳经济发展水平又一直位居全国前列，这表明基础研究发展与经济发展并不存在直接的正相关关系。中国基础研究经费占比超过 10%的主要是西藏、海南、青海等经济欠发达地区，而广东、浙江、江苏等经济发达地区基础研究经费占比都未超过 5%。

但这是否就意味着深圳就不用关注 R&D 经费投入中基础研究占比这一指标？答案是否定的。事实上，基础研究并不产生直接的经济效应，而是通过应用研究、试验发展的利用和转化作用于经济发展，但如果利用转化效率不高，便会带来经济效率的损失。中西部地区虽然基础研究占比高，但由于缺乏完善的产业创新环境，利用转化效率不高，进而导致基础研究未能带来显著的经济增长效应。因此，不能简单直接利用经济发展水平的高低去判断基础研究占比高低的好坏。创新是资本密集型活动，基础研究投入是推动原始创新能力提升的重要保障。深圳不能因为在基础研究占比偏低的情况下也实现了理想的经济发展，就忽视基础研究占比这一指标。作为中国特色社会主义先行示范区，深圳需要以更大力度推动基础研究，在引领国家重大科学突破上勇当尖兵，并充分利用自身完善的产业创新环境，发挥基础研究的强大经济效应，推动深圳经济实力、发展质量跻身全球城市前列。

第二，基础研究占比须随经济发展动态调整，具体比重应为多少要结合经济发展阶段来判断。基础研究是技术创新的源头，但这并不意味着一味提高基础研究投入，就能实现技术创新能力的提升。基础研究产生的新知识需要经过利用和转化，才能产生高质量的技术创新，因此需要考虑基础研究、应用研究、试验发展之间的资源配置问题。如果研发体系偏重应用研究或试验发展，基础研究就会薄弱，应用研究或试验发展将失去根基。如果研发体系偏重基础研究，应用研究或试验发展就会薄弱，薄弱的应用研究或试验发展会导致基础研究产生的新知识难以商业化。因此，R&D 经费投入中基础研究占比过高或过低都不利于经济的创新发展，存在一个最优基础研究占比。由此可见，当前深圳偏低的基础研究占比已经内在地带来了经济创新效率的损失，只不过这一损失被整体的经济增长掩盖了。那么，深圳基础研究占比应该提高到多少呢？

基础研究占比较高的有西藏、海南等经济欠发达地区，也有北京等经济发达地区，同样的，基础研究占比较低的有内蒙古、河南等经济欠发达地区，也有浙江、江苏等经济发达地区，这表明基础研究占比高低好坏的判断需要根植于自身的经济发展阶段。经济发达地区已经经历了跟踪、模仿、引进的创新阶段，建立起了较为完善的技术商业化体系，创新水平也达到了较高的阶段。这些地区在大多数创新领域已无可模仿的对象，这就需要转向自主创新模式，产生更多高质量的创新成果，为此需要同步提高基础研究占比，方能支撑得起经济发达地区的高质量创新需求。经济欠发达地区创新模式还处于跟踪、模仿、引进的阶段。在这个阶段，需要加强应用研究、试验发展来消化吸收前沿技术知识，适当降低 R&D 经费投入中的基础研究占比。因此，随着地区经济发展水平的提高，为实现最大程度的技术创新促进效应，R&D 经费投入中所要求的最优基础研究占比也会相应提高。经第三章测算，东部地区 R&D 经费投入中最优基础研究占比应该达到 15.87%，中西部地区为 10.16%。对标理论测算值，深圳作为东部的前沿城市，当前其基础研究占比与经济发展水平不相匹配，基础研究占比至少需要提高到 15%。

四、以更大力度推动深圳基础研究的政策建议

深圳提出经济实力、发展质量跻身全球城市前列的发展目标，这不仅要求深圳在 GDP、人均 GDP 规模上位居全球城市前列，更要求深圳在重大科学研究和科技创新上有所突破，形成全球“反制力”，增强经济发展的韧性。深圳不能简单因为在 R&D 经费中基础研究占比偏低的情况下，经济实现了可观的发展，就认为基础研究占比并非影响经济发展的约束性因素。作为中国特色社会主义先行示范区，深圳应以更大力度推动基础研究发展，实现原始创新上的突破，为国家科技自立自强战略做出深圳贡献。

第一，重新设定 R&D 经费投入中基础研究占比指标。2018 年，深圳颁布的《深圳市关于加强基础科学研究的实施办法》提出，到 2025 年，深圳基础研究经费占 R&D 经费比重达 5%，到 2035 年，该比重达 10%。但对标理论测算值、世界创新型国家和国内创新型城市实践经验，深圳有必要重新设定基础研究占比的目标，以更大力度推动基础研究，方能支撑建设具有全球影响力的科技和产业创新高地。

到 2025 年基础研究占比提高到 10%。国家“十四五”规划提出，全国基础研究占比到 2025 年要实现达到 8%的目标。广东在其“十四五”规划中也提出到 2025 年基础研究占比要达到 10%。为引领全国重大科学研究和科技创新的突破，深圳应将其在《深圳市关于加强基础科学研究的实施办法》中设定的 2035 年目标提前到 2025 年实现，即到 2025 年基础研究占比达 10%，这样也可保障深圳基础研究占比不拖广东和国家的“后腿”。

到 2030 年基础研究占比提高到 15%。本报告的理论测算表明，对于东部地区，R&D 经费投入中最优基础研究占比应为 15%左右。因此，建议

深圳基础研究占比到 2030 年的目标设定为 15%，确保深圳基础研究投入在东部地区处于领先水平，并逐步接近世界科技创新强国水平。

到 2035 年基础研究占比提高到 20%。根据中国科技统计年鉴提供的数据，美国、日本、瑞士、英国、法国等发达创新型国家基础研究经费占研发经费比重的均值为 19.7%，接近 20%，并且他们的基础研究占比已经处于一个稳态水平，与其经济发展阶段相适应。因此，到 2035 年，深圳基础研究占比目标可设定为 20%，达到世界科技创新强国水平，为国家 2035 年跻身创新型国家前列的战略目标奠定坚实的基础。

第二，完善以政府为主体的基础研究多元化投入机制。创新是资本密集型活动，重新设定深圳 R&D 经费中基础研究占比的目标后，就涉及大量基础研究资金的投入。在加大基础研究投入过程中，政府要发挥主导作用，但在财政资金有限的情况下又不能完全依靠政府投入，因此深圳需要完善基础研究的多元化投入机制，激发社会主体参与基础研究的积极性。

进一步提高财政科技专项资金中用于基础研究的比例。深圳需要在不影响现有试验发展投入规模的前提下，加大基础研究投入力度，实现基础研究与产业创新的“双轮”驱动。为保障基础研究的持续性经费投入，深圳立法规定财政对基础研究的投入比例不低于财政科技专项资金的 30%。如果按照重新设定的基础研究占比目标来看，这一比例是不够的。因此，深圳在实际操作中可能还需要进一步提高财政科技专项资金中用于基础研究的比例。

以政企联动制激励企业加大基础研究经费投入。基础研究对企业的科技创新和成果转化具有显著的推动作用，但基础研究极强的正外部性、高成本、高风险等特征，使得企业自身从事基础研究的动力不足。因此，借鉴加拿大的经验，深圳可考虑以政企联动制提升企业从事基础研究的动力，鼓励多个企业共同设立基础研究发展基金，通过市场化运作，利用基金所产生的收益资助科研院所或企业开展基础研究。经受资助的科研院所或企业申请，政府可根据基础研究项目的重要性与前瞻性，按不同比例的配套方式进行跟投，降低社会主体从事基础研究的成本。

以重大基础研究平台撬动多方基础研究投入。截止到 2020 年，深圳拥有国家级创新载体 124 个，但专门面向重大基础研究的国家实验室、国家重大科技基础设施、国家重点实验室等重大创新平台仍较为缺乏。深圳要以更大力度向科技部、财政部、发改委等部委争取政策支持，与北京、上海等科技中心城市加强合作，积极向“一带一路”开拓，支撑“一带一路”科技共同体建设，加快一批重大基础研究平台的谋划、布局和建设，以此撬动国际、国家、广东省、科研院所、企业等各个创新主体的基础研究投入。

第三，以科研机制创新确保基础研究投入精准发力。基础研究涉及的研究领域众多，深圳不可能在所有基础研究领域发力，需要将经费投入用在“刀刃”上。为此，深圳需要创新前沿科技跟踪与预测机制，确保基础研究投入精准发力，并主动对接国际科研规则，支撑前沿基础研究的国际合作。

建设前沿科技跟踪与预测系统。深圳基础研究的投入必须坚持“四个面向”，这就要求深圳要加强前沿科技预见，使得基础研究投入能够面向世界科技前沿，精准发力。前沿科技预见能为深圳把握基础研究发展趋势和选择优先发展领域提供指引。因此，建议深圳启动建设前沿科技跟踪与预测系统，借助新一代信息技术尤其是大数据挖掘分析技术，基于科技论文、发明专利、科技舆论等全球实时大数据，开展实时的前沿科技预见工作，为深圳提供重大基础研究专项资助指南。

进一步完善“揭榜挂帅”“赛马”“揭榜险”相配套的长效机制。在现有“揭榜挂帅”制的基础上，引入“赛马”制，一个课题由多个团队从不同技术路线展开同步攻关，降低技术选择风险，提高项目成功率和经费利用率，更有利于发挥“揭榜挂帅”的制度优势。进一步，可与市内保险公司加强合作，推出“揭榜险”，对于不可抗力因素导致“揭榜挂帅”项目失败的，或对完成的项目，若出榜方为企业，因企业倒闭等原因无法支付资金的，由保险公司按照项目投入给予揭榜方补偿，完善项目风险管理。

加快国际科研规则的对接。科研规则不统一已成为制约深圳开展重大基础研究项目合作的重要因素。深圳应系统梳理和研究美国国防高级研究计划局（Defense Advanced Research Projects Agency，DARPA）模式、欧盟框架计划、日本通过颠覆性技术推进范式转变（Impulsing PAradigm change through Disruptive Rcchnologies，ImPact）计划、中国香港双轨制资助办法等国际国内科研管理规则，以前海、河套深港科技创新合作区等重大片区为载体，立足国际、协同港澳，在国际科研规则对接方面先行先试，以更好地迎接国际科研机构和人才落户深圳，支撑深圳在重大前沿基础研究领域展开高水平国际合作。

五、本节小结

深圳 R&D 经费投入强度已位居全球前列，但与经济发展水平相近或更高的创新型国家和城市相比，深圳 R&D 经费投入中基础研究占比处于偏低水平。导致深圳基础研究投入不足的一个重要原因在于企业是深圳 R&D 经费的绝对投入主体。虽然深圳在基础研究占比偏低的情况下依然实现了良好的经济发展，但不能就此简单利用经济发展水平的高低去判断基础研究占比高低的好坏，需要科学认识 R&D 经费投入中基础研究占比的性质，并深刻意识到深圳要想经济实力、发展质量跻身全球城市前列，不仅要在 GDP、人均 GDP 规模上位居全球城市前列，更要在重大科学研究和科技创新上有所突破，形成全球“反制力”，增强经济发展的韧性。基础研究投入不足已经制约了深圳原始创新能力的提升。为此，深圳要以更大力度推动基础研究发展，为国家科技自立自强战略做出深圳贡献。

第六章　研究结论与政策建议

第一节　研究结论

本书关于中国基础研究发展的研究主要分为四个部分。第一个部分描述了中国基础研究发展的关键特征，第二部分实证研究了基础研究发展的技术创新效应，第三部分探讨了基础研究发展的政策支撑体系，第四部分分析了中国地方基础研究的发展情况。通过这四部分的研究，我们得到了以下结论。

一、基础研究关键特征的研究结论

第一，随着经济的发展，中国的研发投入强度不断上升；研发投入强度由东中西部地区依次递减；技术密集型产业的研发投入强度大于劳动密集型产业；企业已是研发经费投入和执行的重要主体；研发经费的配置偏向于试验发展。

第二，全国基础研究投入规模大，但基础研究投入占研发投入比重长期不变。在国际比较视野下，中国高等学校基础研究投入强度适中，但研究与开发机构和企业的基础研究投入强度较低。企业基础研究投入强度偏低是制约中国基础研究投入强度提升的关键原因。此外，东中西部地区基础研究投入强度的演变轨迹存在显著的地区异质性，西部地区基础研究投入强度高于东中部地区。

第三，基础研究合作成为成渝地区双城经济圈取得科技进步奖成果的主导模式，研究的共享性持续增强。成渝地区双城经济圈的整体合作网络持续扩大，网络中出现了权力中心和控制中心，并呈现分散性的整体网络结构，同时表现为显著的小世界网络效应。在竞争环境的驱动下，成渝地区双城经济圈基础研究合作主要依托跨组织合作的孵化模式，以知识邻近和技术邻近为核心因素，以地理邻近和制度邻近为推动要素，重点围绕知识和技术资源进行交换。

二、基础研究技术创新效应的研究结论

第一，基础研究发展与技术创新之间存在倒U型关系，表现为随着研发经费存量中基础研究占比的提升，累计受理专利中发明专利占比将先上升后下降。当基础研究占比为 9.35%时，累计受理专利中发明专利占比将达到最大值。随着经济发展水平的提升，最优基础研究占比需要进一步提高才能产生最大的技术创新促进效应。东部地区所要求的最优基础研究占比为15.87%，中西部地区所要求的最优基础研究占比为9.67%。任何偏离最优基础研究占比的实际基础研究占比都会带来技术创新的损失。相对于中西部地区，东部实际基础研究占比与最优基础研究占比偏离程度更大，因而创新损失程度也更为明显。

第二，国家重点实验室的建设显著提升了中国企业的技术创新能力，表明基础研究具有显著的企业技术创新促进效应。省部共建、企业、学科国家重点实验室的企业技术创新效应依次递减，表明应用基础研究的企业技术创新驱动效应要强于纯基础研究。国家重点实验室对企业技术创新的促进作用由东向西依次递减，说明随着地区制度与市场环境的完善，基础研究越来越能发挥其对企业技术创新的促进作用。

第三，企业基础研究与应用研究的融合发展是推动创新产出的重要因素。企业基础研究与应用研究融合发展的创新产出效应在高技术制造业、生产性服务业以及市场环境完善的地区更为显著。相比较而言，高校、研究机构基础研究与企业应用研究的融合发展更能促进企业创新产出的增加。

三、基础研究政策支撑体系的研究结论

第一，中国基础研究的资助体系特点为基础研究经费基本来源为国家科技财政资金，并由科技部、中国科学院、国家自然科学基金委员会牵头负责主要基础研究计划的资助，但各资助计划存在重复资助的可能。公共政策呈现的特征为各级人民政府是制定政策的主体，并且明确了基础研究发展的近期、中期与长期目标，政策重点突出平台建设、资金支持、人才培养、开放合作、体制机制创新、科研环境改善等方面。

第二，地方基础研究政策总体上从政策目标、基础设施、人才支持、研究布局、开放合作、创新环境和资助体系七个方面促进基础研究发展。政策目标起导向性作用，影响其他六方面的布局。基础设施和人才支持提供基础研究发展的基础资源，研究布局与开放合作解决如何运用基础资源的问题，创新环境和资助体系则为用好基础资源提供保障。在政策工具方面，总体上地方基础研究政策在政策工具使用上呈现保障工具>结构过程工具>资源工具>导向工具的情况，具体到基础研究七个方面的政策工具用情况则为：创新环境>开放合作>人才支持>研究布局>基础设施>资助体系>研究目标，塑造良好的基础研究环境是地方基础研究政策的第一重点。在政策评价方面，17个省份基础研究政策可分为优秀级、良好级、合格级、不良级，整体水平为合格级。

第三，基础研究专项政策推动了地区基础研究发展。基础研究专项政策效果存在明显的区域异质性，在东中西部地区呈现出政策“边际效应递减规律”。基础研究专项政策效果具有明显的政策质量强弱效应，且政策强弱效应的作用机制具有多维性与主次性，体现为基础设施、研究目标、开放合作、研究布局、人才支持、创新环境和资助体系7类机制要素的影响效力逐渐减弱的内在规律。政策工具组合存在协同效应和消减效应，保证人、财、物投入的情况下，在各类工具组合态中包含开放合作的组合对基础研究的增益效果更好。

四、地方基础研究发展的研究结论

第一，广东以国家重点实验室为依托的基础研究平台位居全国前列，但与北京、上海、江苏等地区相比，仍存在明显差距。基础研究经费投入稳步增长，研发结构不断优化，但基础研究经费投入占比仍偏低。高校是广东执行基础研究的重要主体，企业研发投入中基础研究占比偏低是制约广东基础研究发展的关键因素。广东率先出台基础研究政策，形成完善的政策支撑体系。开放创新网络初步形成，但国际协同创新网络体系尚未完全构建，整体基础研究效能有待提升。

第二，四川拥有良好的基础研究设施与平台，但与国内重要创新地区相比，仍存在明显差距。基础研究经费投入稳步增长，但基础研究经费占研发经费比重偏低，研发结构有待调整和优化。高校和研发机构是四川执行基础研究的重要主体，但各执行主体研发经费中基础研究投入占比偏低严重制约了四川基础研究水平的跃升。四川取得了一系列高显示度标志性基础研究成果，但与建设全国基础科学研究中心的要求仍存在一定差距。

第三，深圳 R&D 经费投入强度已位居全球前列，但与经济发展水平相近或更高的创新型国家和城市相比，深圳 R&D 经费投入中基础研究占比处于偏低水平。导致深圳基础研究投入不足的一个重要原因在于企业是深圳 R&D 经费的绝对投入主体。虽然深圳在基础研究占比偏低的情况下依然实现了良好的经济发展，但不能就此简单利用经济发展水平的高低去判断基础研究占比高低的好坏，需要科学认识 R&D 经费投入中基础研究占比的性质，并深刻意识到深圳要想经济实力、发展质量跻身全球城市前列，不仅要在 GDP、人均 GDP 规模上位居全球城市前列，更要在重大科学研究和科技创新上有所突破，形成全球“反制力”，增强经济发展的韧性。

第二节　典型国家推动基础研究发展的经验措施

一、多措并举加强关键领域的基础研究投入

（1）美国：强化政策支持，形成多元基础研究投入机制。作为世界科技强国，美国一直十分重视基础研究。一方面，通过政府力量和出台法案，加强关键领域的基础研究投入。1945 年，范内瓦·布什提交了《科学：无尽的前沿》报告，强调了联邦政府在资助基础研究，特别是长久持续性研究方面的应发挥独特的作用，提出政府的公共资金要大力支持基础研究、支持科学教育、支持大学。在该报告的推动下，美国先后成立了著名的海军研究办公室、空军科学研究办公室、陆军研究办公室以及国家科学基金会等主要基础研究资助机构。2021 年，美国国会通过了《无尽前沿法案》，提出未来5年向国家科学基金会额外拨付1000亿美元用于资助若干大学技术中心在人工智能、先进通信技术、先进能源、量子计算和信息系统等 10 个关键领域的基础研究。

另一方面，拓宽基础研究投入渠道，形成了以政府为主导、多元主体参与的基础研究投入机制。美国的基础研究经费来源于联邦政府、企业、高等院校、非营利性机构及各州政府等部门。联邦政府是基础研究最主要的资助者，来源于政府的基础研究经费占全部基础研究投入的比例基本保

持在50%以上，主要投向了高校、联邦实验室以及非营利性机构和企业等。企业是美国基础研究的第二大主体，其资金多投向了企业实验室、高校和非营利机构。20世纪80年代后，随着企业对基础研究的投入力度持续加大，联邦政府基础研究投入有所下降。高等院校、非营利机构以及各州政府也会对基础研究进行部分投入，多投向了高校、非营利研发机构等，为美国基础研究投入提供了有力的补充。自1953年以来，美国的基础研究投入一直持续增长，占其R&D经费的比例也长期稳定在23%左右。2019年，美国联邦政府财年研发预算支出总额达1544亿美元，其中，基础研究经费增幅近 5%。长期稳定高比例的基础研究经费投入，有力保障了美国基础研究，推动了美国在核心领域的重大创新与技术发展。

（2）日本：设立基础研究专职机构，多部门协同联动支持。日本一直实施加强基础研究的国家发展战略，其基础研究在国际上处于较高的水平。2001年，日本政府将科技厅和文部省合并，设立文部科学省，专门负责基础研究资助，旨在通过各种项目和人才计划全面支持基础研究的发展，推动日本的科学基础创新。同时，在日本，政府内部的经济产业省、农林水产省、厚生劳动省等多府省厅也是基础研究的重要投入部门，会投入一定的经费，共同协同支持基础研究。以2017年日本科学技术相关预算数据为例，2017年日本政府科技相关预算总额约为299.22亿美元，其中文部科学省提交的预算金额为192.42亿美元，用于加强基础研究的经费达144.9亿美元，占总科技经费的48.4%，经济产业省提供的经费占15.6%。多部门共同协同支持体系下，日本对基础研究的投入强度一直保持稳定的态势，有力支持了基础研究的健康发展。

二、以目标和任务为导向优化基础研究投入结构

新加坡鼓励“基于兴趣的研究”和“任务导向的研究”。对于国家研发能力和体系建设，新加坡采取的是“科技与经济结合”的手段，注重鼓励“基于兴趣的研究”和“任务导向的研究”间的合作与互动。从1991年起，新加坡每五年都推出一次国家科技发展五年规划，该规划会设定若干个基础研究及应用研究并重的研发投入重点领域，并以此进行资源配置，以实现战略目标，如表6-1所示。根据最新的研究、创新与企业2005计划（Research Innovation and Enterprise 2005，RIE2025）计划，在2021—2025年，新加坡研发投入的重点领域和方向为：制造、贸易和连接性、人类健

康与潜能、城市解决方案与可持续发展、“智慧国家”和数字经济。

表 6-1　2000—2025 新加坡国家科技发展五年规划中设定的“重点领域”

计划	年度	预算额（亿新元）	重点领域
科学技术计划 2005（S&T2005）	2001—2005	60	信息与通信、电子制造、生命科学
科学技术计划 2010（S&T2010）	2006—2010	135	生物医药、环境与水技术、交互与数字多媒体技术
科学技术创业计划 2015（STEP2015）	2011—2015	160	电子技术、生物医药、信息通信与多媒体、工程技术、清洁技术
研究、创新与企业计划 2020（RIE2020）	2016—2020	190	先进制造技术和工程、生物医药、环境科学与可持续发展、服务业和数字经济
研究、创新与企业计划 2025（RIE2025）	2021—2025	250	制造、贸易和连续性、人类健康与潜能、城市解决方案与可持续发展、“智慧国家”和数字经济

资料来源：作者整理。

三、通过基础研究平台建设提升原始创新能力

平台建设是日本政府推进基础研究的重要政策工具之一，致力于将日本建设成世界顶级水平的基础研究基地。2007 年日本政府实施了“世界顶级研究基地形成促进计划”（World Premier International Research Center Initiative，WPI），资助日本大学和科研机构中的重点研究基地从事世界顶级水平的科学研究，尤其是前沿基础研究，以提升原始创新能力。对于选定的研究基地，稳定支持 10—15 年，每年资助 5—20 亿日元。WPI 计划实施以来，对东北大学原子分子材料科学高等研究机构、东京大学科维理宇宙物理学与数学研究所、大阪大学免疫学先进研究中心等 10 多个研究基地进行了资助，涉及的领域涵盖宇宙、地球、智力起源和生命科学、材料与能源、信息科学等当代科学前沿的诸多领域，日本打造了若干个聚集全球精英的顶级研究基地，促进了一系列跨学科研究领域的发展，涌现出一批世界一流的基础研究成果，强力提升了日本基础研究能力。

四、强化政企合作鼓励引导企业参与基础研究

（1）日本：基础研究投入“民间主导”。在日本，对于基础研究的投入，政府和企业两大主体并存，且互相保持独立。20 世纪 60 年代以来，日本的整个 R&D 投入中，民间（主要为企业，也包括私立大学和民间研究机构）的投入比重基本保持在 70%以上，而政府部门则不到 30%，表现为典型的“民间主导”。日本企业十分重视基础研究，是基础研究的主要投入主体之一。企业投入的基础研究集中于企业内部的中央研究所，而中央研究所进行的基础研究活动与企业所处的领域密切相关。日本企业对研发创新一直保持着高度热情，不断提高研发投入强度，特别是日立、本田、东芝、松下等国际知名企业。据统计，日本企业的研发经费主要用于基础研究、应用研究和开发研究 3 个方向，其中，用于未来 10—30 年技术创新的基础研究经费约占企业研发经费总额的 7%，用于未来 5—10 年技术创新的应用研究经费占 18%，用于开发研究的占 75%。日本政府十分重视发挥企业的作用，在一些重大基础科学研究中都能看到企业的身影，企业的积极参与也为其在产业尖端技术上的突破奠定了坚实基础。在支持企业开展基础研究上，日本政府除了给予财政支持外，还会通过科技税收减免等措施对企业的研究开发进行间接投入。

（2）韩国：企业的基础研究经费保持独立。不同于美国、日本等其他国家，韩国基础研究的一个显著特点是其基础研究经费投入和使用主体都是企业，企业在韩国的基础研究中起着主导作用。同时，韩国企业的基础研究经费表现出很强的独立性，其研发重点更多关注应用和实验开发，很少投资于大学或政府。20 世纪 90 年代后，韩国企业对基础研究投入占到本国基础研究总经费的 40%左右。到 2015 年，企业基础研究经费支出占全国总基础研究经费支出比例达到了 56.08%，而大学、国家研究机构、非营利团体研发支出占全国总基础研究经费支出的比例分别为 18.68%、24.25%、0.56%。

五、注重基础研究人才的引进培养

（1）日本：改善科研环境，推动基础研究人才培养。人才战略是日本政府提升基础研究水平的重要政策，日本政府出台了多项科技战略与政策，不断营造有利于人才培养和支持创新研发的科研竞争环境。1995 年，日本

发布了《科学技术基本法》。为改善科研环境，推动日本研发能力提升，1996年起，日本开始推行5年一期的《科学技术基本计划》，至今已经进入第六期。第一期日本政府投资1617.96亿美元用于改善科技活动环境。《第二期科学技术基本计划》（2001—2005年）对研究开发投资1736.21亿美元，并提出了诺贝尔奖的量化指标，即在未来的50年内获得诺贝尔奖的科学家达30人。截至2021年，日本已经有18人获得该奖项，已完成该目标的50%以上，日本政府成功实现了依靠培养国际顶尖基础研究人才带动国家科学前沿发展战略。2010年，日本政府发布《强化基础研究的方针与政策》，重点强调对人才的培养，提出“新预备终身制”，加大对青年学者的资助力度。2021年3月，日本内阁府公布《第六期科学技术基本计划（2021—2025年）》，提出实现“Society5.0”（超智能社会）的总目标，强调要培育面向新型社会的人才，同时特别提出要强化促进科技政策创新的体制。

（2）新加坡：强化人才支持，开展新加坡科学家回归计划。新加坡政府十分重视培养、吸引和留住人才。为支持基础研究科研团队建设，在RIE2020预算中19亿新元支持科研人才引进培养，比RIE2015的7.35亿新元增长了近1.6倍。根据RIE2020计划，新加坡实施了“新加坡科学家回归计划”，为那些已在国外安置下来的杰出的新加坡科学家提供回到新加坡研究的机会。同时，根据RIE2020计划，新加坡还实施了教育部研究奖学金、科技研究局奖学金、经济发展局研究生计划、卫生部人才计划、工程学博士计划等人力资源发展核心支持项目，重点培养本土青年科研人才。与此同时，新加坡通过全球创新联盟与其他全球创新节点建立联系，吸引来自世界各地的人才与新加坡人才合作。除此以外，新加坡还实施了《环球校园计划》，引进耶鲁大学、芝加哥大学设立分校，吸引麻省理工学院、宾州大学建立人才培养中心，培养本地人才和引进国际人才。

六、以政策工具为引导建立基础研究发展长效机制

（1）美国：构建支撑基础研究税收的政策体系。为激励企业大力投入基础研究，美国政府积极运用税收优惠政策，先后出台了一系列政策法规，推进研发税收抵免。早在1954年，《国内税收法典》就规定企业发生的研发支出可以选择一次性扣除或资本化处理。1981年《经济复兴税收法案》正式提出，研发费用可在发生年度一次性扣除；企业增加研发费用超过前3年研发投入均值部分的25%抵免当年应纳税额。自此，美国开始探索实

施研发税收抵免政策，由于处于探索期，其长期作为一项临时制度予以实施，直到 2015 年 12 月 18 日写入《2015 年保护美国人免于高税法》，才正式制度化。从演变过程的具体规定看：1986 年颁布的《税制改革法案》规定常规研发税收抵免比例为 20%，企业通过合同委托大学进行的基础研究费用也可以申请 20%的税收抵免。由此，美国侧重于所得税减免的税收优惠体系逐渐形成。2006 年《税收抵免及医疗保健法案》中增加了简化抵免法，以企业前 3 年研发投入均值的 50%为基准，企业当年的研发投入超过基准的部分可以享受 12%的税收抵免，2008 年《经济稳定紧急法》将该抵免比率调增至 14%。《2015 年保护美国人免于高税法》对税收抵免制度进行了修改，同时也允许符合条件的小企业利用研发税收抵免制度抵消工薪税。2017 年，美国研发税抵免共分为四类——常规抵免、替代简化抵免、当年抵免、合格小企业工资税抵免。在美国，已经形成了完善的税收优惠体系，研发税收抵免政策的重要作用不断凸显，一系列税收优惠政策，有力减轻了企业的税收负担，引导企业更多地投入研发活动。

（2）日本：实施机构调整优化基础研究发展环境。一方面，日本政府制定相关政策规划，对基础研究发展予以指导和支持。为推动基础研究发展，日本政府出台了一系列措施和方案，通过政策作用指导和推动基础研究的投入和发展。为振兴科学技术，1986 年 3 月日本内阁会议通过《科学技术政策大纲》，强调应增加政府的科研投资，提高投资效率，这为日本政府强化基础研究奠定了实质性的基础。1995 年，日本国会通过《科学技术基本法》，此后，日本政府在科学技术研究开发方面的投入力度明显增强。1996 年开始，日本开始制定实行《科学技术基本计划》，至 2016 年，日本内阁颁布了《第五期科学技术基本计划（2016—2020）》，这是日本实施的第五个国家科技振兴综合计划，计划中有专门章节论述加强基础研究对日本发展的重要性，并提出了具体政策措施。另一方面，日本政府不断进行机构调整。1999 年，日本将科研补助金（the Japanses Grantsin-aid for Scientific Research，JGSR）移交给日本学术振兴会（Japan Society for the Promotion of Science，JSPS）管理；2001 年，日本进行体制改革，将文部省和科技技术厅合并为文部科学省，旨在改善大学的科研环境与条件，促进国立大学和国立研究所之间更紧密的合作，推动官、产、学联合。2002 年，JSPS 改制为独立行政法人。2003 年，日本另一重要的基础研究竞争性经费投入部门——日本科学技术振兴机构（Japan Science and Technology

Agency，JST）也实现了独立行政法人机构的改制。日本不断通过体制机制完善和相关配套政策措施，为基础研究发展创造良好的环境。

（3）韩国：加强基础研究发展的政策配套支持。一是不断调整基础研究的发展战略。韩国政府对基础科学研究十分重视，制定了一系列政策措施。2009 年，教育科学技术部（现改名为教育部）、国家科学技术委员会相继发布“2009 年度理工类基础研究计划”“基础研究振兴综合计划”，改革基础研究研发领域、资助金额。2017 年韩国的基础研究科学院进一步整合，将原有分散的各科研院所集中整合，选拔出具有高层次学术能力的科研带头人，将整个科研体系调整为“研究团”模式，以更好地协助产、学、研发展。二是注重知识产权的保护。2008 年出台的《知识产权强国实现战略》提出，要促进知识产权创造，提升知识产权国际主导力，引领国际专利制度发展，加强知识产权保护，建立知识产权纠纷援助机制，等等。2011 年通过了《知识产权基本法》。同时，为了加强对侵权行为的惩罚力度，韩国政府专门成立国家知识产权委员会。三是提高基础研究领域的税收优惠力度。韩国政府先后出台了《国家科学和技术促进法》（1967）、《技术研究开发促进法》（1973）、《韩国科学和工程基金会法》（1976）、《科研设备投资税金扣除制度》（1977）、《基础科学研究振兴法》（1989）、《关于政府资助研究机构的设立、运作及育成的法律》（1999）、《科技基本法》（2001）等一系列法律及政策，相关的税收优惠措施主要包括：研究实验用设备投资税金减免或折旧制度、技术及人才开发费税金减免制度、技术开发准备金制度、实验研究用样品和新技术开发产品免征特别消费税制度等。如在《技术研究开发促进法》中提出设立技术开发准备金、政府出资和税收减免等税收激励措施，企业可按收入总额的 3%—5%提取准备金，并可在 3 年内用于技术研发支出，同时研发设备可享受加速折旧或一定比例的税额减免、扣除等优惠政策支持企业基础研究发展。韩国政府不断加大税收激励投入，不断强化税收在基础研究发展中的引导和激励作用。研发税收减免从 2007 年的 19.10 亿美元增加到 2014 年的 24.44 亿美元，增幅 27.96%。

第三节　政策建议

一、提高研发投入中基础研究占比

中国研发经费存量中基础研究占比需要提高到10%—15%的水平，才能与当前的经济发展阶段相匹配，进而促进国家创新质量的提升。企业基础研究动力不足是制约基础研究投入占比提升的一个关键原因，因而加强企业基础研究是提升我国基础研究水平的重点方向。基础研究是一种公共产品，具有价格溢出和知识溢出两种正向的溢出效应，企业通常缺乏进行基础研究的动力，这就需要加强政府对企业基础研究活动的资助，改革国家基础研究项目的评审与管理制度，鼓励企业积极申报面向重大产业需求的应用基础研究项目，实现基础研究与应用研究的深度融合。同时，加强知识产权保护，维护企业因基础研究而获得的垄断利润，激发企业从事基础研究的积极性。

二、构建各具特色的区域基础研究发展格局

第一，西部地区正处于技术追赶的发展阶段，过高的基础研究投入占比可能并不利于区域创新发展，因此西部地区应在保持优势基础研究领域的前提下，加强面向重大产业需求的应用基础研究，完善科研成果产业化的市场环境，适当降低纯基础研究比重。东部地区处于技术超越的发展阶段，需要更多世界级的原始创新来支撑区域创新发展，引领全球科技发展，因而东部应逐步将基础研究投入占比提高到世界主要科技强国的水平，以带动国家科技创新水平的整体跃升。中部地区也需要在其基础研究优势领域加大投入，将基础研究水平提升到最优位置。

第二，调整和优化东中西部地区国家重点实验室的区域布局。国家重点实验室的区域布局需要从国家整体创新驱动发展战略的角度去考虑，做到各个地区有重点、有差异，合力推动创新型国家的建设。从提升企业技术创新能力的目标出发，西部地区可加快企业国家重点实验室的建设和布局，强化面向产业重大需求的应用基础研究，实现产业关键核心技术的突破；东部地区应强化面向区域重大需求的应用基础研究，加快省部共建国

家重点实验室的建设和布局，以最大限度提升企业技术创新能力；学科国家重点实验室的布局可向东中部地区倾斜，但布局和建设过程中要与区域已有的基础研究优势相结合，推进学科的交叉融合。

国家应对尚未布局实验室的城市加快国家重点实验室的布局，增强区域基础研究实力，全面提升企业技术创新能力。如果城市尚不具有布局国家重点实验室的条件，也应支持和指导城市加快省级重点实验室的布局。由于各类实验室对企业技术创新的推动具有差异性，因此对于学科国家重点实验室不应过分强调基础研究成果的技术转化，应聚焦原始创新成果的产出，而对于省部共建、企业国家重点实验室应加强面向区域和产业重大需求的应用基础研究，主要目标是推动企业技术创新能力的提升。当前省部共建国家重点实验室数量偏少，但对企业技术创新能力的促进作用最大，因此国家可考虑在总量控制的情况下增加省部共建国家重点实验室的城市区域布局。

三、建立基础研究多元化投入机制

我国基础研究经费基本上来自中央财政资金，地方政府投入很少，企业、高校、非营利性机构等基本上不进行基础研究投入，这在很大程度上制约了我国基础研究经费的增长。我国应进一步完善中央和地方财政资金对基础研究的资助机制，同时鼓励企业、高校、非营利性机构加大基础研究投入，与政府财政资金形成有益补充，建立基础研究多元化投入机制。例如，面向粤港澳大湾区、长三角、成渝等地区设立类似欧盟科研基金的基础研究融资机构，推动区域基础研究实力的整体提升。特别是为促进企业的基础研究投入，应创新面向基础研究的投融资机制，缓解企业基础研究投入的融资约束问题。我国可考虑以政企联动制提升企业从事基础研究的动力。鼓励多个企业共同设立基础研究发展基金，通过市场化运作，利用基金所产生的收益资助科研院所或企业开展基础研究。经受资助的科研院所或企业申请，政府可根据基础研究项目的重要性与前瞻性，按不同比例的配套方式进行跟投，降低社会主体从事基础研究的成本。此外，我国每个基础研究的重大资助计划均是面向基础研究的众多学科或领域，这会导致重复资助问题。因此，政府需要进一步明确各重大基础研究计划的使命、目标与任务，确定重点资助领域，形成错落有致的项目资助体系，避免重复资助，提升基础研究资源的配置效率。

四、加强基础研究与应用研究的融合发展

第一，强化高技术制造业、生产性服务业的企业基础研究与应用研究的融合发展程度。第二，加强知识产权保护、完善金融市场、提高国际开放水平，构建高质量的地区市场环境，增强企业基础研究与应用研究融合发展的创新产出效应。第三，在中国企业基础研究积极性不高、基础研究与应用研究融合发展程度极低的情况下，可以充分利用高校、研究机构的基础研究成果，完善产学研合作体系，推动高校、研究机构基础研究与企业应用研究的融合发展，提升企业创新能力。

五、促进基础研究的网络化发展

第一，全国基础研究公转体系建立于异质、相互联系且基础研究能力非跨等级差异的区域基础研究自转体系之上，而在公转体系中基础研究能力“塌陷”的区域显然不能高质量地参与其中。因此，需要补齐基础研究存在短板的区域，使其有效链接起区域创新链、知识链和价值链，提升区域基础研究自转体系的运转效率和能力水平，从而高效参与到全国基础研究公转体系中。第二，形成资源高效流动的区域基础研究网络，着力培育基础研究网络的“中介”节点数量，增强网络的连接性和互动性，增强网络的运转效率和资源整合能力，提升基础研究水平。第三，依靠核心节点高校，提升网络的产学研及跨域合作水平，以形成一批符合区域需求，具有区域特色的关键性基础研究成果。同时，随着跨区域基础研究合作成为重要趋势，可依靠核心节点高校为重要突破口，结合各节点高校资源、特色，链接区域外其他基础研究主体有效参与到区域基础研究能力的建设中。

六、完善基础研究公共政策

第一，与日本和韩国的基础研究政策相比，我国使用了更为丰富多元的政策工具，构建了较为完善的基础研究政策体系，但从我国基础研究政策体系本身的不足与日韩政策的特色来看，我国基础研究的公共政策可从以下方面进一步完善。首先，地方政府应加快研究制定立足本地基础研究发展现实与需求的支持政策，形成从中央政府到地方政府有效互补的政策体系。在政策制定过程中，地方政府应注重学科布局、基础设施、平台建设、资金支持、人才建设、开放合作、机制完善、科研环境等政策工具的

有效应用与协同配合。其次，在法律法规和学术伦理框架下，加强我国基础研究数据库建设，实现基础研究数据的开放、共享与利用，这样不仅可以使研究成果发挥更大的扩散效应，而且能够助推学术诚信建设。最后，消除科研管理部门对基础研究的不当干预，增强研究人员在基础研究中的权威性和自主性，这就要求对基础研究项目的申请评审、经费管理、绩效评估等环节进行一系列深刻的变革，并营造包容的科研环境，建议以研究人员为中心的政策体系。

第二，地方基础研究政策整体评级处于合格级，但整体水平离完美级和优秀级有较大差距。基于此，各省应根据自身省域情况，通过出台相关补充政策的形式，提升基础研究政策的支持水平，为基础研究发展提供有力的政策支持，特别是政策目标在基础研究政策中起导向作用，很大程度上影响到政策其他方面的规划，但现有基础研究政策在政策目标的得分均较低，政策目标多为模糊性的表述，对其他政策活动的指导性不强。各省份应根据地方基础研究的实情，对本地区基础研究发展目标进行详细规划，以提高其他政策活动规划的针对性和可操作性。

参考文献

[1] 安维复. 从国家创新体系看现代科学技术革命[J]. 中国社会科学，2000（05）：100-112+206.

[2] 卞松保，柳卸林，吕萍. 国家实验室在原始创新中作用的实证研究[J]. 统计研究，2011（6）：53-57.

[3] 蔡昉，陈晓红，张军，李雪松，洪俊杰，张可云，陆铭. 研究阐释党的十九届五中全会精神笔谈[J]. 中国工业经济，2020（12）：5-27.

[4] 蔡昉. 以提高全要素生产率推动高质量发展[N]. 人民日报，2018-11-09（7）.

[5] 蔡勇峰. 基础研究对技术创新的作用机理——来自动力电池的实证[J]. 科研管理，2019（6）：65-76.

[6] 陈晨，李平，王宏伟. 国家创新型政策协同效应研究[J]. 财经研究，2022，48（5）：1-17.

[7] 陈凯华，官建成. 中国区域创新系统功能有效性的偏最小二乘诊断[J]. 数量经济技术经济研究，2010（8）：18-32.

[8] 陈林，万攀兵.《京都议定书》及其清洁发展机制的减排效应——基于中国参与全球环境治理微观项目数据的分析[J]. 经济研究，2019（3）：55-71.

[9] 陈水生. 什么是"好政策"?——公共政策质量研究综述[J]. 公共行政评论，2020（3）：172-192.

[10] 陈文博，张珏. 大学生师规模、比例与学术产出的关系研究——基于 58 所教育部直属高校 2007—2018 年间的校际面板数据分析[J]. 湖南师范大学教育科学学报，2021（5）：111-122.

[11] 成力为，郭园园. 中国基础研究投资的严峻态势及投资强度影响因素的跨国分析[J]. 研究与发展管理，2016（5）：63-70.

[12] 程鹏，柳卸林，陈傲，等. 基础研究与中国产业技术追赶——以高

铁产业为案例[J]. 管理评论，2011（12）：48-57.

[13] 戴魁早. 制度环境、区域差异与知识生产效率——来自中国省际高技术产业的经验证据[J]. 科学学研究，2015（3）：369-377.

[14] 董金阳，刘铁忠，董平，等. 我国基础研究管理及科研合作模式的多层次对比研究[J]. 科技进步与对策，2021（8）：1-8.

[15] 樊纲，王小鲁. 中国市场化指数：各地区市场化相对进程 2009 年报告[M]. 北京：经济科学出版社，2010.

[16] 范旭，刘伟. 基于创新链的区域创新协同治理研究——以粤港澳大湾区为例[J]. 当代经济管理，2020（8）：54-60.

[17] 范旭，张毅. 夯实创新型国家建设的基础：地方政府支持基础研究的理论依据与现实需要[J]. 科学管理研究，2020（3）：41-48.

[18] 方勇，吴素珍，刘忠华. 研发模式、企业基础研究与产业发展[J]. 科技管理研究，2020（20）：1-7.

[19] 高良谋，马文甲. 开放式创新：内涵、框架与中国情境[J]. 管理世界，2014（6）：157-169.

[20] 高锡荣，刘思念. 企业基础研究行为驱动模型构建[J]. 科技进步与对策，2018（20）：64-71.

[21] 龚惠群，黄超，梅姝娥，等. 基于原始培育能力的原创性新兴产业培育研究[J]. 科研管理，2018（2）：28-37.

[22] 何郁冰，伍静. 中国省域基础研究效率的空间分布及其影响因素——基于空间面板数据模型的实证研究[J]. 研究与发展管理，2019，31（6）：126-138.

[23] 贺超城，吴江，魏子瑶，刘福珍. 科研合作中机构间科研主导力及邻近性机理——以中国生物医学领域为例[J]. 情报学报，2020（2）：148-157.

[24] 胡军燕，袁川泰. 政府 R&D 投入对企业基础研究的影响——基于大型工业企业数据的实证研究[J]. 科技管理研究，2016（20）：27-31.

[25] 黄苹. R&D 投资结构增长效应及最优基础研究强度[J]. 科研管理，2013（8）：53-57.

[26] 黄倩，陈朝月，樊霞，等. 基础研究政策体系对基础研究投入的动态影响——基于政策执行视角[J]. 科学学与科学技术管理，2019（1）：20-33.

[27] 黄群慧，贺俊. 中国制造业的核心能力、功能定位与发展战略——兼评《中国制造2025》[J]. 中国工业经济，2015（06）：5-17.
[28] 黄晓春，周黎安. 政府治理机制转型与社会组织发展[J]. 中国社会科学，2017（11）：118-138+206-207.
[29] 江诗松，龚丽敏，魏江. 后发企业能力追赶研究探析与展望[J]. 外国经济与管理，2012（3）：57-64+71.
[30] 姜桂兴，程如烟. 我国与主要创新型国家基础研究投入比较研究[J]. 世界科技研究与发展，2018（6）：537-548.
[31] 姜群. 基于DEA-malmquist的基础研究投入效率及其影响因素研究[J]. 科学管理研究，2019（3）：35-41.
[32] 蒋殿春，王晓娆. 中国R&D结构对生产率影响的比较分析[J]. 南开经济研究，2015（2）：59-73.
[33] 金杰，赵旭，赵子健. 市场环境对高校基础研究向企业应用研究转化的影响力研究[J]. 上海交通大学学报（哲学社会科学版），2018（3）：33-44.
[34] 金培振，殷德生，金桩. 城市异质性、制度供给与创新质量[J]. 世界经济，2019（11）：99-123.
[35] 寇宗来，刘学悦. 中国城市和产业创新力报告2017[R]. 复旦大学产业发展研究中心，2017.
[36] 黎文靖，郑曼妮. 实质性创新还是策略性创新?——宏观产业政策对微观企业创新的影响[J]. 经济研究，2016（4）：60-73.
[37] 李钢，蓝石. 公共政策内容分析方法：理论与应用[M]. 重庆：重庆大学出版社，2007.
[38] 李慧敏，陈光. 日本“技术立国”战略下自主技术创新的经验与启示——基于国家创新系统研究视角[J]. 科学学与科学技术管理，2022，43（2）：1-17.
[39] 李坤望，邵文波，王永进. 信息化密度、信息基础设施与企业出口绩效——基于企业异质性的理论与实证分析[J]. 管理世界，2015（4）：52-65.
[40] 李蕾蕾，黎艳，齐丹丹. 基础研究是否有助于促进技术进步?——基于技术差距与技能结构的视角[J]. 科学学研究，2018（1）：37-48.
[41] 李培楠，赵兰香，万劲波，等. 研发投入对企业基础研究和产业发

展的阶段影响[J]. 科学学研究，2019（1）：36-44.
[42] 李平，李蕾蕾. 基础研究对后发国家技术进步的影响——基于技术创新和技术引进的视角[J]. 科学学研究，2014（5）：677-686.
[43] 李燕. 粤港澳大湾区城市群 R&D 知识溢出与区域创新能力——基于多维邻近性的实证研究[J]. 软科学，2019（11）：138-144.
[44] 林毅夫. 改革开放创 40 年经济增长奇迹[J]. 中国中小企业，2018（6）：57-59.
[45] 刘碧莹，任声策. 中国半导体产业的技术追赶路径——基于领先企业的经验对比研究[J]. 科技管理研究，2020，40（11）：82-90.
[46] 刘凤朝，楠丁. 地理邻近对企业创新绩效的影响[J]. 科学学研究，2018（9）：1708-1715.
[47] 刘红波，林彬. 人工智能政策扩散的机制与路径研究——一个类型学的分析视角[J]. 中国行政管理，2019（4）：38-45.
[48] 刘红波，林彬. 中国人工智能发展的价值取向、议题建构与路径选择——基于政策文本的量化研究[J]. 电子政务，2018(11)：47-58.
[49] 刘军. 整体网分析——UCINET 软件实用指南（第三版）[M]. 上海：上海人民出版社，2019.
[50] 刘立. 科技政策学研究[M]. 北京：北京大学出版社，2011.
[51] 柳卸林，何郁冰. 基础研究是中国产业核心技术创新的源泉[J]. 中国软科学，2011（4）：104-117.
[52] 卢耀祖，吴淑媛，贾岚. 试论基础研究的概念和统计口径[J]. 科研管理，1998（04）：51-55.
[53] 路风，慕玲. 本土创新、能力发展和竞争优势——中国激光视盘播放机工业的发展及其对政府作用的政策含义[J]. 管理世界，2003（12）：57-82+155-156.
[54] 罗能生，田梦迪，杨钧，等. 高铁网络对城市生态效率的影响——基于中国 277 个地级市的空间计量研究[J]. 中国人口·资源与环境，2019（11）：1-10.
[55] 倪鹏途，陆铭. 市场准入与“大众创业”：基于微观数据的经验研究[J].世界经济，2016（4）：3-21.
[56] 宁甜甜，张再生. 基于政策工具视角的我国人才政策分[J]. 中国行政管理，2014（4）：82-86.

[57] 裴雷，孙建军，周兆韬. 政策文本计算：一种新的政策文本解读方式[J]. 图书与情报，2016（6）：47-55.
[58] 邵立勤，刘佩华.基础研究——科学发展的前沿[M]. 北京：科学技术文献出版社，1994.
[59] 石亚军，高红. 做实简政放权必须拉近政府间的政策距离[J]. 中国行政管理，2017（12）：20-24.
[60] 宋潇，张龙鹏. 成渝地区双城经济圈优质跨域合作创新的驱动逻辑——基于区域科技进步奖获奖数据的分析[J]. 中国科技论坛，2021（10）：143-152.
[61] 宋潇，钟易霖，张龙鹏. 推动基础研究发展的地方政策研究：基于路径—工具—评价框架的 PMC 分析[J]. 科学学与科学技术管理，2021（12）：79-98.
[62] 宋潇. 成渝地区双城经济圈区域合作创新特征与网络结构演化[J]. 软科学，2021（4）：61-67.
[63] 眭纪刚，连燕华，曲婉. 企业的内部基础研究与突破性创新[J]. 科学学研究，2013（1）：141-148.
[64] 孙晓华，王昀. 何种类型的研发投资更有利于提高一国生产率?——来自 OECD 国家的经验证据[J]. 科学学研究，2014（2）：203-210.
[65] 孙早，许薛璐. 前沿技术差距与科学研究的创新效应——基础研究与应用研究谁扮演了更重要的角色[J]. 中国工业经济，2017（3）：5-23.
[66] 唐保庆，邱斌，孙少勤. 中国服务业增长的区域失衡研究——知识产权保护实际强度与最适强度偏离度的视角[J]. 经济研究，2018（8）：147-162.
[67] 唐晓华，张欣，钰李阳. 中国制造业与生产性服务业动态协调发展实证研究[J]. 经济研究，2018（3）：79-93.
[68] 万劲波，赵兰香. 基础研究政策评价的基本前提探讨[J]. 科学学与科学技术管理，2009，30（05）：5-11.
[69] 王春杨，孟卫东. 基础研究投入与区域创新空间演进——基于集聚结构与知识溢出视角[J]. 经济经纬，2019（2）：7-14.
[70] 王芳，赵兰香，戴小勇. 中国企业基础研究偏好异质性的影响因素分析[J]. 科研管理，2021（3）：12-22.

[71] 王国领. 基础研究内涵和外延的再认识[J]. 自然辩证法研究，1998（10）：50-51.
[72] 王海，尹俊雅. 地方产业政策与行业创新发展——来自新能源汽车产业政策文本的经验证据[J]. 财经研究，2021，47（5）：64-78.
[73] 王金杰，郭树龙，张龙鹏. 互联网对企业创新绩效的影响及其机制研究[J]. 南开经济研究，2018（6）：170-190.
[74] 王娟，任小静. 基础研究与工业全要素生产率提升：任正非之问的实证检验[J]. 现代财经（天津财经大学学报），2020（6）：3-16.
[75] 王敏，伊藤亚圣，李卓然. 科技创新政策层次、类型与企业创新：基于调查数据的实证分析[J]. 科学学与科学技术管理，2017（11）：20-30.
[76] 王文，孙早. 基础研究还是应用研究：谁更能促进 TFP 增长——基于所有制和要素市场扭曲的调节效应分析[J]. 当代经济科学，2016（6）：23-33.
[77] 王小鲁，樊纲，余静文. 中国分省份市场化指数报告（2016）[M]. 北京：社会科学文献出版社，2017.
[78] 王彦雨，程志波. 我国基础研究资助体系的历史沿革及演变路径律分析[J]. 科技进步与对策，2011（22）：94-99.
[79] 王永进，冯笑. 行政审批制度改革与企业创新[J]. 中国工业经济，2018（2）：24-42.
[80] 王永进，冯笑. 行政审批制度改革与企业创新[J]. 中国工业经济，2018（2）：24-42.
[81] 卫平，杨宏呈，蔡宇飞. 基础研究与企业技术绩效——来自我国大中型工业企业的经验证据[J]. 中国软科学，2013（2）：123-133.
[82] 温军，冯根福. 股票流动性、股权治理与国有企业绩效[J]. 经济学（季刊），2021（4）：1301-1322.
[83] 温军，冯根福. 股票流动性、股权治理与国有企业绩效[J]. 经济学（季刊），2021，21（04）：1301-1322.
[84] 吴延兵. R&D 存量，知识函数与生产效率[J]. 经济学（季刊），2006（4）：1129-1156.
[85] 冼国明，明秀南. 海外并购与企业创新[J]. 金融研究，2018（8）：155-171.

[86] 肖广岭. 以颠覆性技术和卡脖子技术驱动创新发展[J]. 人民论坛·学术前沿，2019（13）：55-61.

[87] 肖广岭. 中国基础研究经费占 R&D 经费的比例多大为宜[J]. 科学学研究，2005（2）：197-203.

[88] 徐佳，崔静波. 低碳城市和企业绿色技术创新[J]. 中国工业经济，2020，（12）：178-196.

[89] 徐倪妮，郭俊华. 政府研发资助如何影响中小企业创新绩效[J]. 科学学研究，2022（8）：1-16.

[90] 许治，周寄中. 影响我国基础研究强度因素——基于 AH 模型的一种解释[J]. 科研管理，2008（05）：63-69.

[91] 薛澜，姜李丹，黄颖，梁正. 资源异质性、知识流动与产学研协同创新——以人工智能产业为例[J]. 科学学研究，2019，37（12）：2241-2251.

[92] 严成樑，龚六堂. R&D 规模、R&D 结构与经济增长[J]. 南开经济研究，2013（2）：5-21.

[93] 杨芳娟，梁正，薛澜，等. 国家重点实验室建设计划的运行成效分析[J]. 科学学与科学技术管理，2019（2）：26-39.

[94] 杨立岩，潘慧峰. 人力资本、基础研究与经济增长[J]. 经济研究，2003（4）：72-78.

[95] 杨希，李欢. 学术创业如何影响学者科研产出——以“双一流”建设高校材料学科为例[J]. 中国高教研究，2021（3）：37-43.

[96] 杨幽红. 创新质量理论框架：概念，内涵和特点[J]. 科研管理，2013（S1）：320-325.

[97] 叶菁菁，周骁遥，陈实. 基础研究投入的创新转化——基于国家自然科学基金资助的证据[J]. 经济学（季刊），2021（6）：1883-1902.

[98] 叶祥松，刘敬. 异质性研发、政府支持与中国科技创新困境[J]. 经济研究，2018（9）：116-132.

[99] 易高峰. 国家重点实验室建设的回顾与思考：1984—2008[J]. 科学管理研究，2009（4）：35-38.

[100] 于文轩，许成委. 中国智慧城市建设的技术理性与政治理性——基于 147 个城市的实证分析[J]. 公共管理学报，2016（4）：127-138.

[101] 余丽甜，詹宇波. 家庭教育支出存在邻里效应吗?[J]. 财经研究，

2018（8）：61-73.

[102] 余明桂，范蕊，钟慧洁. 中国产业政策与企业技术创新[J]. 中国工业经济，2016（12）：5-22.

[103] 余泳泽. 中国区域创新活动的“协同效应”与“挤占效应”——基于创新价值链视角的研究[J]. 中国工业经济，2015（10）：39-54.

[104] 张超林，杨竹清. 股票流动性、代理效率与企业技术创新——基于泊松回归的实证研究[J]. 华东经济管理，2018（11）：151-158.

[105] 张辉. 建设现代化经济体系的突破路径[N]. 经济参考报，2018-07-04（2）.

[106] 张杰，高德步，夏胤磊. 专利能否促进中国经济增长——基于中国专利资助政策视角的一个解释[J]. 中国工业经济，2016（1）：83-98.

[107] 张九辰. 基础科学研究：基于概念的历史分析[J]. 自然科学史研究，2019（2）：127-139.

[108] 张理. 应用SPSS软件进行要素密集型产业分类研究[J]. 华东经济管理，2007（8）：55-58.

[109] 张龙鹏，邓昕. 基础研究发展与企业技术创新——基于国家重点实验室建设的视角[J]. 南方经济，2021（03）：73-88.

[110] 张龙鹏，王博. 国际比较视野下的中国基础研究：基本特征、资助体系与公共政策[J]. 科技管理研究，2020（15）：34-41.

[111] 张龙鹏，钟易霖，汤志伟. 智慧城市建设对城市创新能力的影响研究——基于中国智慧城市试点的准自然试验[J]. 软科学，2020（1）：83-89.

[112] 张倪. 都市圈和城市群建设将成为中国经济增长最大潜能[J]. 中国发展观察，2020（Z5）：11-12.

[113] 张娆，路继业，姬东骅. 产业政策能否促进企业风险承担?[J]. 会计研究，2019（7）：3-11.

[114] 张荣馨. 中央政府推进义务教育财政公平的政策影响研究[J]. 清华大学教育研究，2020（1）：44-54.

[115] 张小筠. 基于增长视角的政府 R&D 投资选择——基础研究或是应用研究[J]. 科学学研究，2019（9）：1598-1608.

[116] 章文光，刘志鹏. 注意力视角下政策冲突中地方政府的行为逻辑——基于精准扶贫的案例分析[J]. 公共管理学报，2020（4）：

152-162+176.
[117] 赵兰香. 关注未来我国基础科学发展的主要矛盾[J]. 科学与社会，2017（4）：23-26.
[118] 赵玉林，刘超，谷军健. 研发投入结构对高质量创新的影响——兼论有为政府和有效市场的协同效应[J]. 中国科技论坛，2021（1）：55-64.
[119] 周黎安. 中国地方官员的晋升锦标赛模式研究[J]. 经济研究，2007（7）：36-50.
[120] 周密，申婉君. 研发投入对区域创新能力作用机制研究——基于知识产权的实证证据[J]. 科学学与科学技术管理，2018（8）：26-39.
[121] 曾德明，赵胜超，叶江峰，等. 基础研究合作，应用研究合作与企业创新绩效[J]. 科学学研究，2021（8）：1485-1497.
[122] 曾繁清，叶德珠. 金融体系与产业结构的耦合协调度分析——基于新结构经济学视角[J]. 经济评论，2017（3）：134-147.
[123] 曾坚朋，张双志，张龙鹏. 中美人工智能政策体系的比较研究——基于政策主体，工具与目标的分析框架[J]. 电子政务，2019（6）：13-22.
[124] 曾明彬，李玲娟. 我国基础研究管理制度面临的挑战及对策建议[J].中国科学院院刊，2019（12）：1440-1447.
[125] Agassi Joseph. Between Science and Technology[J]. Philosophy of Science, 47 (1980): 82-99.
[126] Aghion P., Howitt P. Research and Development in the Growth Process [J]. Journal of Economic Growth, 1996, 1(1): 49-73.
[127] Akcigit U., Hanley D., Serrano-Velarde N. Back to Basics: Basic Research Spillovers, Innovation Policy and Growth [R]. CEPR Discussion Papers, 2016.
[128] Alford P., Duan Y. Understanding Collaborative Innovation from a Dynamic Capabilities Perspective[J]. International Journal of Contemporary Hospitality Management, 2017, 30(6):2396-2416.
[129] Añón Higón D. In-House Versus External Basic Research and First-to-Market Innovations [J]. Research Policy, 2016, 45(4): 816-829.

[130] Bercovitz J. E. L., Feldman M. P. Fishing Upstream: Firm Innovation Strategy and University Research Alliances [J]. Research Policy, 2007, 36(7): 930-948.

[131] Blind K. The Influence of Regulations on Innovation: A Quantitative Assessment for OECD Countries [J]. Research Policy, 2012, 41(2): 391-400.

[132] Burt R. S. Structural Holes: The Social Structure of Competition [J]. Economic Journal, 1994, 40(2): 134-156.

[133] Bush V. Science, the Endless Frontier: A Report to the President[M]. US Government Printing Office, 1945.

[134] Buzard K., Carlino G. A., Hunt R. M., et al. Localized Knowledge Spillovers: Evidence from the Spatial Clustering of R&D Labs and Patent Citations [R]. Regional Science and Urban Economics, 2020.

[135] Calvert J. What's Special about Basic Research? [J]. Science, Technology and Human Values, 2006, 31(2): 199-220.

[136] Cockburn I. M., Henderson R. M. Publicly Funded Science and the Productivity of the Pharmaceutical Industry [R]. NBER Conference on Science and Public Policy, 2000.

[137] Cohen, W. M., D.A. Levinthal. Absorptive Capacity: A New Perspective on Learning and Innovation[J]. Administrative Science Quarterly, 1990, 35: 128-152.

[138] Czarnitzki D., Thorwarth S. Productivity Effects of Basic Research in Low-Tech and High-Tech Industries [J]. Research Policy, 2012, 41(9): 1555-1564.

[139] Davis D., Dingel J. A Spatial Knowledge Economy [J]. American Economic Review, 2019, 109: 153-170.

[140] Drivas K., Balafoutis A. T., Rozakis S. Research Funding and Academic Output: Evidence from the Agricultural University of Athens [J]. Prometheus, 2015, 33(3): 1-22.

[141] Estrada M. Policy modeling: Definition, classification and evaluation[J]. Journal of Policy Modeling, 2011, 33(4): 523-536.

[142] Fabrizio K. R. Absorptive Capacity and the Search for Innovation [J].

Research Policy, 2009, 38(2): 255-267.

[143] Freeman C. Economics of industrial innovation[M]. Routledge, 2013.

[144] Gambardella A. Competitive Advantages from In-House Scientific Research: The US Pharmaceutical Industry in the 1980s [J]. 1992, 21(5): 391-407.

[145] Gersbach H., G. Sorger, C. Amon. Hierarchical Growth: Basic and Applied Research[J]. Journal of Economic Dynamics and Control, 2018, 90: 434-459.

[146] Gersbach H., Schneider M. T., Schneller O. Basic Research, Openness, and Convergence [J]. Journal of Economic Growth, 2013, 18(1): 33-68.

[147] Griliches Z. Productivity, R&D, and the Basic Research at the Firm Level in the 1970's [J].The American Economic Review, 1986, 76(1): 141-154.

[148] Gu Y.Q., C. X. Mao, X. Tian. Banks' Interventions and Firms' Innovation: Evidence from Debt Covenant Violations [J]. Journal of Law and Economics, 2017, 60(5), 637-671.

[149] Ha J., J. K. Yong, J. K. Lee. Optimal Structure of Technology Adoption and Creation: Basic Versus Development Research in Relation to The Distance from The Technological Frontier[J]. Asian Economic Journal, 2009, 23(3): 373-395.

[150] Heckman J., Ichimura H., Smith J., et al. Characterizing Selection Bias Using Experimental Data [J]. Econometrica, 1998, 66(5): 1017-1098.

[151] Henard D. H., Mcfadyen M. A. The Complementary Roles of Applied and Basic Research: A Knowledge-Based Perspective [J]. Journal of Product Innovation Management, 2005, 22(6): 503-514.

[152] Hessels L. K., J. Grin, R. E. H. M. Smits. The Effects of a Changing Institutional Environment on Academic Research Practices: Three Cases from Agricultural Science[J]. Science and Public Policy, 2011, 38(7): 555-568.

[153] Hu A. G. Z., Jefferson G. H., Jin-chang Q. R&D and Technology Transfer: Firm-Level Evidence from Chinese Industry [J]. Review of

Economics and Statistics, 2005, 87(4): 780-786.

[154] Huang C., Su J., Xie X., et al. Basic Research is Overshadowed by Applied Research in China: A Policy Perspective [J]. Scientometrics, 2014, 99(3): 689-694.

[155] Huyghe A., M. Knockaert. The Influence of Organizational Culture and Climate on Entrepreneurial Intentions Among Research Scientists[J]. The Journal of Technology Transfer, 2015, 40(1): 138-160.

[156] Jacobson L. S., Lalonde R. J., Sullivan D. Earnings Losses of Displaced Workers [J]. The American Economic Review, 1993, 83(4): 685-709.

[157] Jones G. K., H. J. Davis. National Culture and Innovation: Implications for Locating Global R&D Operations[J]. Management International Review, 2000: 11-39.

[158] Kafouros M., Wang C., Piperopoulos P., et al. Academic Collaborations and Firm Innovation Performance in China: The Role of Region-Specific Institutions [J]. Research Policy, 2015, 44(3): 803-817.

[159] Kaminski J. Diffusion of innovation theory[J]. Canadian Journal of Nursing Informatics, 2011, 6(2): 1-6.

[160] Kealey T. The Economic Laws of Scientific Research[M]. London: Macmillan, 1996.

[161] Kleer R. Government R&D Subsidies as a Signal for Private Investors [J]. Research Policy, 2010, 39(10): 1361-1374.

[162] Klevorick A. K., Levin R. C., Nelson R. R., et al. On the Sources and Significance of Interindustry Differences in Technological Opportunities [J]. Research Policy, 1995, 24(2): 185-205.

[163] Lee H.J., K.B. Kang. Evaluation of Japanese Basic Research Policy: Focusing on R&D Expenditure Policy[J]. Journal of Knowledge Information Technology and Systems 2017(12): 341-351.

[164] Leten B., Kelchtermans S., Belderbos R. Internal Basic Research, External Basic Research and the Technological Performance of

Pharmaceutical Firms [R]. Hogeschool-Universiteit Brussel, Faculteit Economie en Management, 2010.

[165] Levy M. A., Lubell M. N. Innovation, Cooperation, and the Structure of Three Regional Sustainable Agriculture Networks in California [J]. Regional Environmental Change, 2018, 18(4): 1235-1246.

[166] Lichtenberg F. R., Siegel D. The Impact of R&D Investment on Productivity-New Evidence Using Linked R&D-LRD Data [J]. Economic Inquiry, 1991, 29(2): 203-229.

[167] Ling C., Zhang A. Q., Zhen X. P. Peer Effects in Consumption among Chinese Rural Households [J]. Emerging Markets Finance and Trade, 2018, 54(10): 2333-2347.

[168] Lundvall B. National Innovation Systems—Analytical Concept and Development Tool [J]. Industry and Innovation, 2007, 14(1): 95-119.

[169] Mansfield E. Basic Research and Productivity Increase in Manufacturing [J]. The American Economic Review, 1980, 70(5): 863-873.

[170] Martínez-Senra A I, Quintas M A, Sartal A, et al. How Can Firms' Basic Research Turn Into Product Innovation? The Role of Absorptive Capacity and Industry Appropriability [J]. IEEE Transactions on Engineering Management, 2015, 62(2): 205-216.

[171] Martinez-Senra A. I., Quintas M. A., Sartal A., et al. How Can Firms' Basic Research Turn Into Product Innovation? The Role of Absorptive Capacity and Industry Appropriability [J]. IEEE Transactions on Engineering Management, 2015, 62(2): 205-216.

[172] Milgram S. The Small World Problem [J]. Psychol Today, 1967, 2(1): 67-79.

[173] Motohashi K., Yun X. China's Innovation System Reform and Growing Industry and Science Linkages [J]. Research Policy, 2007, 36(8): 1251-1260.

[174] Moura D. C., M. J. Madeira, F.Duarte. Cooperation in The Field of Innovation, Absorptive Capacity, Public Financial Support and Determinants of the Innovative Performance of Enterprise[J].

International Journal of Innovation Management, 2020, 24(04): 1297-1322.

［175］Nelson R. R. The Simple Economics of Basic Scientific Research [J]. Journal of Political Economy, 1959, 67(3): 297-306.

［176］Pavitt K. The Social Shaping of the National Science Base [J]. Research Policy, 1998, 27(8): 793-805.

［177］Pavitt K. What Makes Basic Research Economically Useful? [J]. Research Policy, 1991, 20: 109-119.

［178］Petruzzelli A. M. The Impact of Technological Relatedness, Prior Ties, and Geographical Distance on University–Industry Collaborations: A Joint-Patent Analysis [J]. Technovation, 2011, 31(7): 309-319.

［179］Popp D. From Science to Technology: the Value of Knowledge from Different Energy Research Institutions [J]. Research Policy, 2017, 46(9): 1580-1594.

［180］Prettner K., Werner K. Why It Pays off to Pay Us Well: The Impact of Basic Research on Economic Growth and Welfare [J]. Research Policy, 2016, 45(5): 1075-1090.

［181］Prieger J. E., Bampoky C., Blanco L. R., et al. Economic Growth and the Optimal Level of Entrepreneurship [J]. World Development, 2016, 82: 95-109.

［182］Pyka A., Buchmann T. Innovation Networks[M]. Edward Elgar Publishing, 2012.

［183］Quéré M. Basic Research inside from Firm: Lessons from an In-Depth Case Study [J]. Research Policy, 1994, 23(4): 413-424.

［184］Ranga M., Etzkowitz H. Triple Helix Systems: an Analytical Framework for Innovation Policy and Practice in the Knowledge Society[J]. Industry and Higher Education, 2013, 27(4): 237-262.

［185］Rosenbaum P. R. Constructing a Control Group Using Multivariate Matched Sampling Methods That Incorporate the Propensity Score [J]. The American Statistician, 1985, 39(1): 33-38.

［186］Rosenberg N. Why Do Firms Do Basic Research (with Their Own Money)? [J]. Research Policy, 1990, 19(2): 165-174.

[187] Savrul M., A. Incekara. The Effect of R&D Intensity on Innovation Performance: A Country Level Evaluation[J]. Procedia-Social and Behavioral Sciences, 2015, 210: 388-396.

[188] Schauz D. What is Basic Research? Insights from Historical Semantics[J]. Minerva, 2014, 52(3): 273-328.

[189] Song J., Su. Z., Nie X. Does Development of Financial Markets Help Firm Innovation? Evidence from China [J]. Economic and Political Studies, 2018, 6(2): 194-208.

[190] Tian M., P. Deng, Y.Y. Zhang, M. P. Salmador. How Does Culture Influence Innovation? A Systematic Literature Review[J]. Management Decision 2018(56): 1088-1107.

[191] Toole A. A. The Impact of Public Basic Research on Industrial Innovation: Evidence from the Pharmaceutical Industry [J]. Research Policy, 2012, 41(1): 1-12.

[192] Watts D. J., Strogatz S. H. Collective Dynamics of 'Small-World' Networks [J]. Nature, 1998, 393: 409-410.

[193] Zellner C. The Economic Effects of Basic Research: Evidence for Embodied Knowledge Transfer via Scientists' Migration [J]. Research Policy, 2003, 32(10): 1881-1895.

[194] Zhang R., K. Sun, M. S. Delgado, S. C. Kumbhakar. Productivity in China's High Technology Industry: Regional Heterogeneity and R&D[J]. Technological Forecasting and Social Change, 2012, 79(1): 127-141.

[195] Zhu Z., Gong X. Basic research: Its impact on China's future[J]. Technology in Society, 2008, 30(3-4): 293-298.